CHANEL

KELLY HOPPEN

BOB RICHARDSON

KARL LAGERFELD **THE LITTLE BLACK JACKET** CARINE ROITFELD

LETTER
MAC
CAMERA
VAIO
UNIVERSITY
MOBILE
MESSAGECARD
TELEVISION

13

love ♥ HOME

the
收纳

シンプルで美しい暮らしを作る片づけルール

〔日〕玛丽 著　邓楚泓 译

南海出版公司

2018 · 海口

写在前面的话

从小我就非常喜欢将身边的小物件都整理得干干净净。对于我而言，将这些自己喜欢的物品整整齐齐地收拾好放到箱子里，并且将它们装饰漂亮，就是一件能够让我感到非常开心的事情。

当我的小宝贝诞生之后，我开始真正去思考如何整理收纳物品的问题。从前几年的博客到时下流行的Instagram，借助这些平台，我开始尝试上传那些让我感到骄傲或值得分享给大家的收纳感想和体会。

让我感到更开心的是，当我将这些收纳体验上传到网络后，很多网友开始关注我的这些"作品"，我也经常收到一些饱含热情的留言和提问，这激励了我去更好地经营博客和Instagram。

其实，网友们最为关心的莫过于收纳方法。如何轻松地去应对存在于我们身边的各种物品，让自己更开心地生活？这些看似非常琐碎的事情其实一直困扰着很多人，也同样困扰着我自己。

时光飞逝，距离我之前出版的以收纳为主题的图书《love·HOME Style 优雅简约的收纳创意》已经过去两年的时间了。

我的孩子们也长大了，生活环境也随之有了新的变化，这也促使我不断地思考新的收纳和整理方法。在这个过程中我又积累了不少新的收纳经验。

为了能够更好、更多地回答朋友们的问题，这本书应运而生。

在本书中我毫无保留地将我家所有的收纳物品、收纳空间一一展示给大家。

同时，为了能够高效地利用收纳空间，我在书中专门对"折叠方法"进行了介绍。

我不太喜欢和擅长在脑海里进行思考，因此不能算是理论派，只能是个实战派。

当觉得"行得通"的时候我会大胆尝试，当然也有失败，但在不断尝试失败的过程中，规律也就自然而然地呈现出来了。

本书中介绍的收纳方法大多都是在我收拾整理自己家的时候一边尝试一边总结出来的。

不太擅长收拾和整理的朋友也不必太过于担心。

要一口气收拾整理干净房间确实是一件非常困难的事情，因此朋友们可以根据自己的实际情况，从比较容易的地方开始收拾，从一个个小物品开始整理。

一旦找到合适的收纳空间，您就可以大胆地进行整理了。

即便有时会失败，有时收拾的过程并没有想象中那样顺利，但对于收纳而言，我们应该反复尝试，不畏惧失败。

我们正是在不断失败的过程中积累收纳经验，提高整理技巧的。

另外，我们要尽量减少购买那些虽然"喜欢"但"使用频率低"的物品，而对于已拥有的物品则要好好珍惜，对其抱有爱意，这也是收纳法存在的意义。当我们能够逐渐有意识地形成一种思考"人与物关系"的习惯时，"收纳"的真谛也就自然而然地显现出来了。在我们生活中，将那些经常使用的物品放置在最方便拿取的地方，想必一定会给我们的生活带来极大的方便。

我想，当您阅读完我的这本"小书"之后，您一定会对收纳整理跃跃欲试。

我也衷心希望这本收纳书能够真正帮到您！

Mari

2016年11月

Mari 的收纳与整理七原则

选择自己能够"开心坚持"的
收纳方法

Rule 1

对于我们来说，让家里长期保持整洁干净是比较辛苦的一件事情，想必朋友们也会觉得非常浪费时间和精力，"如果可以不用反复收拾该有多好"，进而放弃了收拾和整理。因此，我建议大家可以尝试"行动的减法"让自己更加轻松，自然而然地就能够因为"开心坚持"而逐步提高集中收纳的能力。

首先从减少物品开始，
确定保留哪些物品

Rule 2

对于不擅长收拾整理的朋友，我建议首先应该着眼于减少自己的物品。如果自己的物品数量没有减少，而只是变换收纳场所或变更收纳方法，过不了多久就又会被打回原形。就我自身的整理方法而言，我在整理时并不是先去寻找那些"必备物品"，而是去选择那些"会一直使用下去、应该保留"的物品。没有被选中的那些物品自然也就成为可有可无的了。推荐使用"犹豫箱"（p125）来处理那些总是舍不得丢弃的物品。

根据使用频率对分类复杂的物品进行区分，
改变收纳地点及收纳方法

Rule 3

如果把使用频率不同的物品混杂在一起，那些不经常使用的东西就会变成累赘和障碍。分类复杂的物品可以根据"使用频率"和"使用场合"进行分类。我们可以为那些使用频率较高的物品设置一定的空间，大胆地将它们放置在那里，当然，这也是一种比较占用空间的奢侈的收纳方法。对于使用频率较低的物品，可以把它们放在那些稍微找就能够发现的收纳箱中，只要记住放置的地点即可。

分类不要太过于细致

大多数物品有多种分类方法，但是如果划分过细，反而会导致我们不知道该放在哪个箱子里，也会因此花费较长的时间去寻找这些物品。所以，一般我会将它们大致分类，在这其中寻找就可以了。在我家里，我也是使用这样的方法进行收纳的。

收拾的时候虽然会稍显麻烦，
但是使用的时候就非常方便了

物品因为被使用才有存在的意义，因此所谓的收纳就是为了让这些物品在使用的时候能够更方便地找寻到。虽然收拾的时候会稍稍花费些时间，但当我们使用的时候就会非常方便。这个理念要始终贯穿于我们学习收纳方法的过程中。

切忌使用填塞空隙的收纳方法，
同样也不要买填塞空隙的家具

如果购买很多填塞空隙的家具，我们的家就会因为色彩质感、高低纵深的不同而导致整体空间缺少统一的感觉。因此，建议使用较大的空间作为专门的收纳场所。比如客厅里白色的柜子（p96）以及洗漱间的搁架单元等都能够和墙壁很好地融合在一起，也可以放入很多东西。

合理利用多余空间，带给您心灵的舒畅

对于盒子以及抽屉中那些多余的空间，不要一心想着"这里还可以放置物品"，将它们作为自由空间进行利用，或者就空着，这样反而会带来舒畅的感觉。对于那些已经划分收纳类别却还没有存放东西的空间，可以将其命名为"自由空间"，当我们存放不属于这个空间内的物品或者临时放置物品的时候，便会格外注意，也能够更快地对它们进行收纳整理。

目录 *Contents*

Contents

floor 02

lovehome storage & interior

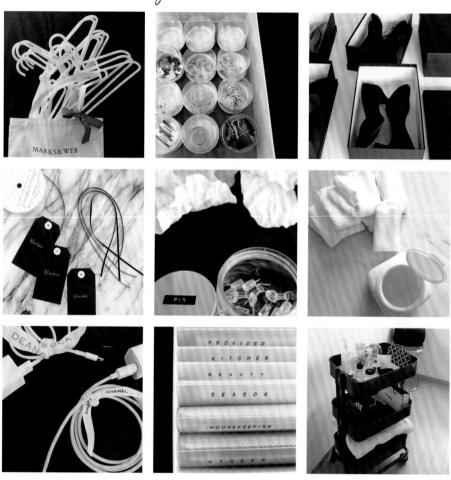

from instagram

floor

我的家是一栋装修已有18年的两层独栋建筑。

一楼是客厅、餐厅、厨房、衣帽间、浴室和洗漱间，我会尽量把日常生活中的必需品收纳在一楼。

家是我们最主要的生活空间，因此我们要确定好那些生活必需品各自存放的空间。每件物品的存放地也需要让家庭成员全部知晓。

同时，随着时光的流逝，家庭成员的年龄增长，生活习惯也逐渐变化，这时候物品的收纳也要相应地重新规划。

为了能够让每位家庭成员适应这些变化，我们要循序渐进地进行调整，让大家都能重视当下自己正在使用的东西。

在进行收纳整理的时候，我们要倾听家庭成员的意见，不断思考如何将"不方便"的收纳方式变为"方便"的收纳方式。将这些问题一一解决之后，我们的生活就变得更加方便了。

工作、家务、教育子女……这些事情会让我们每天都非常忙碌，但是当我们的付出得到家人"点赞"的时候，你就会感觉一切都是非常值得的。

the
收纳

01

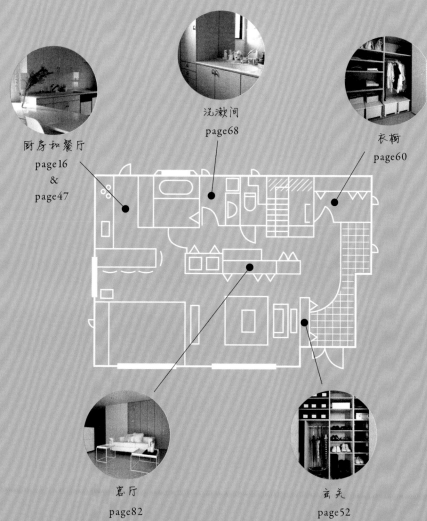

洗漱间
page68

厨房和餐厅
page16
&
page47

衣橱
page60

客厅
page82

玄关
page52

Kitchen

———

厨房

房子装修的时候孩子们都还非常年幼，为了能够在厨房看到客厅中玩耍的孩子，我们将厨房装修成了开放式。如今孩子们都上了大学，他们大多会将紧挨着厨房的餐厅作为学习的场所，而且我也经常会在餐厅中工作或者学习，宽敞的餐桌是整个家庭的中心。

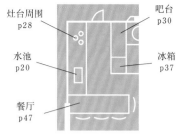

灶台周围
p28

吧台
p30

水池
p20

冰箱
p37

餐厅
p47

Point **1**

厨房其实是容易收拾的地方

厨房往往因为集中了食品、厨具以及各种小工具等，所以总会给人一种非常不容易收拾的感觉。很多朋友都觉得收拾厨房很麻烦，但我却觉得厨房以及洗手台这些用水的地方都是比较容易收拾的，因为这里的物品都是根据其实际用途来确定摆放位置的。从原则上来讲，如果每种物品都按照其用途进行放置整理就可以干净利落，建议从一个抽屉开始收纳里面的物品。

Point **2**

保持色调统一，将颜色多样的物品隐藏收纳

我家的餐具大多为白色，款式也是简约风格。厨房的其他物品也同样选择了色彩比较单一的类型。而食材的包装五颜六色，所以厨房里经常会出现红色、黄色、绿色等多种颜色混杂的各种物品。建议将颜色多样的物品隐藏收纳，调味料等也都统一装在设计风格及色调统一的调味盒中。

Point **3**

根据行动路线确定物品收纳的位置，提高使用效率

根据行动路线收纳物品能够更便捷，例如把砧板等厨房用品放在水池周围，把炒锅及油壶等放在灶台旁边。我家厨房里还有专门收纳快递的地方，这是因为我回家之后最先去的一般都是厨房。所以，根据整体生活习惯规划收纳场所，会给生活带来极大的便利。

水池上方橱柜的上层放置较小的厨房用品，原
本最上方还有一层储物空间，但是因为不使用
梯子就很难拿取，所以我们将其拆掉了。

□ 水池上方橱柜

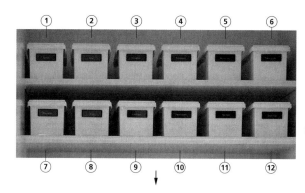

收纳盒 / 大创
"Thing case"

↓

① 厨房海绵百洁布

推荐使用无印良品的"聚氨酯泡沫三层海绵百洁布"。放置在水池上边容易拿取。

② 固体肥皂

我喜欢在餐厅中使用"MUSE"肥皂，与百洁布放置的位置相同，都便于拿取。

③ 吸油纸

日本百元商店购买。可以迅速吸收锅底油渍，放置在水池上方便于拿取。

④ 一次性塑料手套（其他物品以及临时物品）

一次性塑料手套可以在大扫除或制作汉堡包等面点时使用，因此水池上方是最佳的放置地点。

⑤ 常用桌面小物件

杯托、筷托、餐巾圈等常用的餐桌小物件都会放置在水池的上方。

⑥ 吸管

在日本百元商店购买的黑色吸管，可在水池旁边喝水的时候使用，放在水池旁边最为方便。

⑦ **餐巾纸**

大多与餐具、耐热器皿等一起使用，因此放在餐桌附近方便取用。购于日本百元商店。

⑧ **湿巾**

待客之用，使用频度高。因此放置在餐桌附近。

⑨ **自封袋**

捏紧封条后方便储存冷冻食品，因此放置在水池上方。

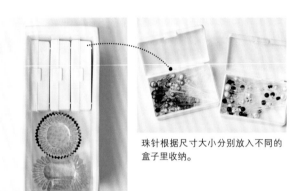

珠针根据尺寸大小分别放入不同的盒子里收纳。

⑩ **便当用品**

放置制作便当时使用的小菜碟等小物件，因此收纳在距离料理台很近的地方。

可以将银粉以及彩色朱古力放在替换容器中，方便拿取使用。这些替换容器体积很小，也可在旅行时使用。

⑪ **用于装饰饮料及甜品的材料**

使用在seria（日本百元商店）购买的透明盒子区分物品，分别放入巧克力脆片和焦糖脆片。

⑫ 使用频率较低的厨房用品

我们可以将那些使用频率较低的物品进行统一收纳，只要记得大致存放在某个地方就可以了。可以把水池周边经常出现的物品进行统一收纳。

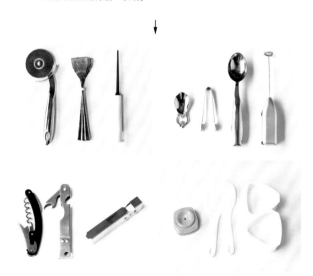

| 上面左起 | 比萨刀、铲子、章鱼烧用长钢针、茶勺、方糖夹、冰淇淋勺、奶泡器 |

| 下面左起 | 红酒开瓶器、起子、磨刀器、鸡蛋开孔器、手卷寿司专用迷你饭勺、饭团模具 |

可以收纳那些放置在水池周围的物品。把储物盒、砧板等放置在最近的地方，厨房用的清洁物品也可以放置在这里。

□ 水池下方

在水池的下方橱柜中我放置了3个收纳盒，分别盛放大米、意大利面和粉状调味料，重量较大的物品则放置在橱柜下层，方便拿取。

厨房清洁剂放置在篮子内

消毒水、碳酸氢钠水、柠檬酸、酒精消毒液都摆放在篮子内。在下水口中撒入适量的柠檬酸与碳酸氢钠，稍稍加入水之后就可以轻松完成清洁工作。为了方便拿取这些清洁品，我选择使用金属篮子盛放。

砧板架使用的是不锈钢材质

我家使用的是白色的砧板和黑色的隔热板。白色的砧板用于制作料理，黑色的隔热板用于放置锅或者烤箱类料理。砧板架的大小刚好合适，收纳方便，结实耐用。（砧板架／佐藤金属兴业・SALUS "每日砧板架"）

我将吃西餐的刀具等都放置在距离水池或者厨房较近的地方，做饭中用到的工具会分类收纳。

□ 水池下方的抽屉

B

上层

西餐刀具

使用西餐刀具收纳盒分类。这种收纳盒重叠在一起能增加收纳空间，但我只是把一部分进行重叠组合，这样不会产生压迫感，也方便拿取物品。（托盘收纳盒 / JEJ 西餐刀具收纳盒）

两层重合的位置

C

中层

保鲜膜、锡纸

我会将做菜时使用频率较高的工具都放置在这里。为了能够看到每种物品的位置，在分配空间时就特意隔出一定的空隙。将保鲜膜、锡纸以及厨房吸油纸收纳在保鲜膜收纳盒中。（收纳盒 / ideaco 保鲜膜收纳盒）

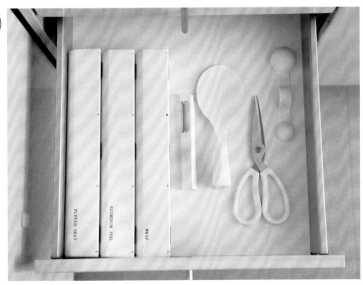

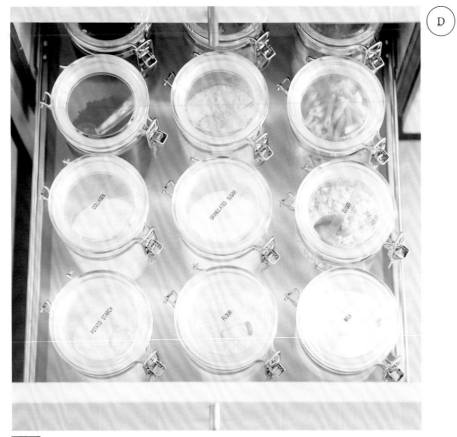

下层

调味料、干货

我将面粉、砂糖、面包粉等放入密封罐保存，然后放置在最下层较深的抽屉中。在密封罐的盖子上贴好标签，从标签就可以轻松分辨出所需要的调味料。（密封罐 / 佐藤金属兴业·SALUS 完美密封罐）

勺子和干燥剂

我会在盛放粉末类材料的盒子中配一把亚克力勺子，并在盒子中加入硅藻土干燥剂。（勺子 / 青芳制作所 亚克力计量勺M号）

026

最容易拿取物品的位置是水池上方的橱柜，我会将平时经常使用的餐具、厨房抹布、保鲜罐（野田珐琅白色系列）、盆以及滤网等放置在这里。

□ 水池旁边橱柜

A

A

餐具的选择方法

选择餐具的时候，我会根据经常制作的料理品种购买。不管是多么喜欢的餐具，如果没有想好用途，我就不会购买。在购买之前我还会思考：①需要购买的数量；②需要购买的品类；③是否还有其他方案。这样就能够明确收纳位置。在我家，厨房（上方图片）、餐桌下方（p48）以及客厅（p96）的收纳物品通常会选择结实耐用且重量较轻的阿拉比阿（arabia）和伊塔拉（iittala）等北欧的餐具品牌。

毛巾及抹布的选择和使用方法

我会执着地选择相同款式的产品。我喜欢价格公道、手感较薄且不会变形、速干的毛巾和抹布。我喜欢使用楞花织法（dobby）的抹布，擦拭餐具后不会残留毛屑。使用后整齐叠好，按照毛巾、抹布的顺序摆放，拿取的时候非常方便。（毛巾／乐天市场※·纯棉"酒店用10片状"、抹布／lec／白色抹布）

※乐天市场：日本知名的网购平台。

□ 灶台周围

我一般将食用油、盐以及胡椒等调味品放置在灶台的附近。我的原则是根据使用场合进行收纳。

A

盆的收纳位置与厨房用品相同

我会将阿拉比阿公司的盆放置在这个位置，在准备食材或制作乌冬面时轻松拿取。此盆的盆底很深，应用范围非常广。德龙（De'Longhi）咖啡机主要是周末招待客人时使用。（阿拉比阿24H）

B

将尺寸较大的盒子隔开，方便拿取

垃圾袋

将自治体（日本行政区划的一种）规定的专用垃圾袋统一放入专用盒子中，再放入抽屉里进行收纳。根据垃圾袋的大小，分别使用两种不同尺寸的盒子收纳。最里面放置塑料袋（折叠方法参考p104）、厨房垃圾清洁工具以及在seria（日本百元超市）购买的去油污专用百洁布。（盒子／南幸mom・o・tone乐天市场店"横放垃圾袋收纳盒"）

只把常用的调味品放在调味架上

在灶台下方，我用组合型的抽屉收纳使用频率高的食盐、胡椒、橄榄油和麻油等调味品，并将这些调味品使用替换容器存放，当麻油不小心被碰倒的时候，底下的盒子也可以防止其渗漏，非常安全。（调味料替换盒／staviaLUXE "食盐·胡椒盒"、收纳盒／无印良品 "可重叠亚克力收纳盒"）

油类不使用替换容器

如果色拉油等油类也用替换盛装，每次清洗容器就变成一件非常复杂的事情，可能还会导致氧化。

空隙处使用填充物

对于尺寸不一的物品而言，摆放后的空隙可能导致物品掉落。这时候我选择使用在百元超市或家庭中心（home center）购买的海绵，将其剪裁后填充空隙。对于其他地方产生的空隙，我会根据实际情况进行固定，比如，给朋友寄快递的时候使用海绵固定纸箱里的物品，收到快递的朋友还能使用其中的海绵打扫卫生，可以说是物尽其用。

□ 吧台

灶台后边是吧台，上面有电烤箱和圆形多功能橱柜。我把厨房用具、蒸锅、炒锅等放置在抽屉和百叶柜门中收纳。这也是根据我日常行动路线的方便性而设计的。

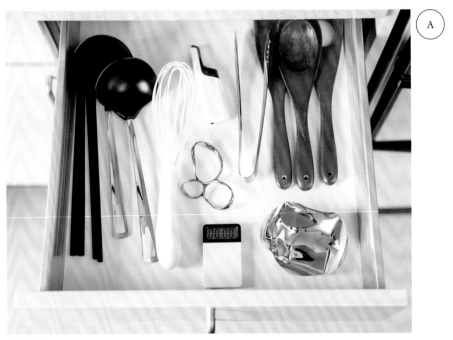

A

厨房用品

灶台周围使用的工具全部集中在这里，做饭时伸手即可拿取。厨房用品非常容易杂乱，建议每种用途的物品只购买一件，这样就可以避免凌乱繁杂了。木质的铲子是我一直钟爱的款式，分别为炒菜用、煮菜用以及制作西餐白汁用。

全景

灶台和吧台下方的抽屉中放置厨房用具，这样做饭时方便拿取，避免手忙脚乱。

蒸锅和炒锅

蒸锅和炒锅最好选择可以按照大小尺寸重叠在一起的品类，不用的时候可以重叠收纳，节省空间。蒸锅是CRISTEL公司的不锈钢锅。特氟龙加工的平底锅（不粘锅）属于消耗品，因此我更喜欢使用在家庭中心（home center）购买的性价比高的产品。

餐垫和餐巾

周末和朋友聚会的时候，我会使用漂亮的桌布营造轻松气氛。为了不影响菜品的效果，我一般选择三种色系（黑色、银色和白色）的餐垫。想要在使用时能够迅速拿出餐垫，摆放时就需要将它们错落有致地放好。另外，我一般选择麻质材料的手帕作为餐巾。（奇丽威／餐垫、MARKS&WEB／餐巾）

为了能够迅速找出餐垫，将它们错落有致地叠放。

没有餐巾圈的时候可使用丝带代替。

每层隔板中放一种食品，较重的食品放置在下层

除了放在冰箱里之外，这里也会储存一定量的食品。使用带有隔板的盒子，根据种类、尺寸进行分类摆放。上面一层放置比较轻的食品，方便拿取，下层放置较重的食品。（盒子 / 宜家·SKUBB "储物盒带格"）

灶台后边是吧台，吧台上面有吊柜。进入家门之后，首先映入眼帘的就是厨房，因此这里除了放置厨房用品之外，也是快递的收纳场所。

□ 吧台上方橱柜

自由空间（钥匙）

对于无法归类到其他四个分类中的物品，我会收纳在这个自由空间里（盒子是在大创购买的，现在已经停产）。

封口夹

封口夹可以将开封后的东西密封储存，因而将其收纳在存放食品之处和冰箱附近。可提前购买一些备用。

信件收纳位置

将信箱中的信件等分为可以放置在厨房餐桌和需要收纳的两种。需要收纳的快递、信件等再分为"临时收纳"和"长期收纳"两类，分别进行整理。

药品

客厅中有专门的场所放置外用药物，而内服药物则统一收纳在这里。因为喝药需要饮水，所以收纳在厨房比较方便。根据种类使用大创购买的盒子进行分装。

长期收纳物品的放置位置

需要长期收纳的书信类物品会归类放置到这里。将重要的文件固定收纳在这里，当需要使用的时候就非常方便拿取了。

谷物袋

为女儿盛放谷物早餐的袋子我选择的是LeSorelle·uashmama的产品。将它们装在可以清洗的植物纤维材质的纸袋中，还能变换不同的折叠方法，折叠的部分也非常宽，很方便拿取。使用漂亮的封口夹把袋子密封起来，好看又实用。（袋子 / LeSorelle·uashmama）

多功能橱柜

橱柜是上下两层的简约款式，放置在吧台上方也不会显得压抑。下层放置面包、松饼等食品，当我不在家的时候，孩子们也可以非常方便地找寻到这些小吃。（多功能柜子 / 卡特尔Componibili双层圆形储物柜）

上层放置的物品

我将使用频率较低的大蒜粉、肉桂粉等调味品统一放置在收纳袋中，将坚果、芝麻等放置在亚克力密封罐中。亚克力密封罐要比玻璃瓶更方便携带。（纸质收纳包 / Le Sorelle·uashmama、密封罐 / 佐藤金属工业·SALUS"完美密封罐迷你款"）

□ 冰箱

我家一般是两三天购买一次食材。鱼肉类食材的保质期较短，所以尽快将其食用完，然后再购买新的，这样就不用在冰箱里冷冻了。厨房内可以存放一次购买的食材，因此冰箱里常常有很多空余空间。

| 冷藏室 |

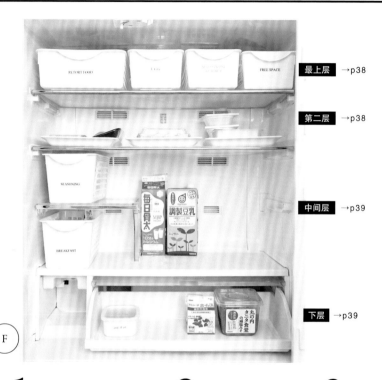

最上层 →p38

第二层 →p38

中间层 →p39

下层 →p39

F

Point 1
将购买的食物全部吃完的收纳方法

购买食材的时候，我最先考虑的就是如何让冰箱保持干净整洁，将买回来的食材尽量不浪费地吃完是我努力的目标。因此，对于我家而言，在食物保质期内合理地使用收纳工具才是我一直动筋思考的事情。

Point 2
隐藏型收纳和非隐藏型收纳

对于一些比较常用的食材，我一般会使用盒子进行隐藏型收纳，当食材临近保质期的时候，我会将其放在托盘中以示提醒。"隐藏型收纳"和"非隐藏型收纳"并不只是为了让冰箱变得整洁，还要从实际功能方面出发。

Point 3
预留较为宽敞的空间

我通常会把冰箱的中层（图片中放置牛奶和豆奶的位置）打造成较为宽敞的空间，以便可以放入蒸锅或沙拉搅拌盆等临时存放的东西。所以，这是可以根据不同情况进行选择收纳的空间。

最上层

放入日常的食物

我一般会在冰箱上层放入日常生活中经常用到的食物。当食物的保质期临近，我会把鱼、肉等生鲜食品以及两三天内需要吃完的食品放置在冰箱第二层的托盘中，这也是为了能够把冰箱中的食物完全吃完而设计的。放置食材的容器是在百元超市购买的塑料容器，侧面有通风口，最适合保存食物。
（收纳盒／大创）

常用食材

罐头食品和香肠等大多是平日里常用的食材，因此会放置在冰箱的最上层。当保质期临近的时候，我会将它们转移到"需要即刻食用食材"的第二层。

鸡蛋盒

我没有将鸡蛋放在冰箱内侧的鸡蛋专用格中，而是放在盒子中收纳。盒子刚好可以容纳10枚鸡蛋，为了方便拿取，我会将鸡蛋格放置在盒子的中间，盖子则放置在收纳盒的最底部。

蛋黄酱和番茄酱

蛋黄酱和番茄酱的瓶子本身就有一定高度，因此无法直接收纳在冰箱内。这时我会将其横向放置在收纳盒中，而且是放置在一个盒子内。

第二层

"需要即刻食用食材"的放置位置

我会将肉类、鱼类等不能过久存放的新鲜食品放置在这一层的托盘中，方便拿取。
（收纳盒／大创）

保持较宽敞的收纳空间

制作好的菜可以连同锅一起放置在冰箱中，制作好的沙拉也可以直接放置在冰箱里，这时候往往就需要冰箱里有一个比较大的空间了。那些早餐必备食材和各式调味料等都可以使用不同的盒子进行收纳。

吃面包时的早餐搭配

早餐吃面包的时候，果酱和人造黄油是不可或缺的，我会将它们整齐地放置在收纳盒中。提前收拾整齐，让匆忙的早晨变得更加从容。
（收纳盒 / seria "手工收纳盒"）

调味料

炒菜时需要用到多种调味料，因此摆放整齐可以方便拿取。海苔佃煮以及三文鱼罐头也放置在其中。

可长期储存的食品

我会将味噌、梅干、鲜奶油等食材放到这一层。味噌也是我不使用替换容器的一种食材，因为家人都非常喜欢喝味噌汤，而且每天都会用到，所以频繁地替换容器会非常麻烦。
（保存容器 / 野田珐琅 "白色系列"）

梅干

我会将梅干装到不会产生太多异味的珐琅器皿中保存。

左侧

右侧

上面两层

我会将块状或颗粒状的浓汤宝、干贝素、黑芝麻粉等替换到透明的容器中，然后收纳在这里。

下面两层

我会将外包装颜色、容器形状不同且没有进行容器替换的调味品统一放到相同的位置，减少杂乱无章的感觉。

第一层

黄芥末和绿芥末等管状的调味品统一收纳到一个盒子内。

第二层

黄油、奶酪等分别使用珐琅容器进行容器替换，然后收纳在这里。

第三层里侧

将酱油、料酒、海带汤汁、味啉、醋等经常使用的调味品进行容器替换，然后放在里侧。

第三层外侧

使用保冷水壶制作的冷萃茶（冷泡茶）可放在外侧，为了方便饮用，一般会准备2~3壶。

上层

使用seria购买的保冷收纳盒收纳家庭装冰激凌等冷冻食品，冷冻食品是一种很容易被遗忘而增加数量的食材，因此使用收纳盒可以控制数量。

下层

在忙碌或者疲劳的时候，冷冻食品可以解决我们的燃眉之急，使用密封袋或者冷冻食品架来收纳，可以更方便地找到食材，非常醒目。

保鲜室

除了放置蔬菜以外，我还会将炒菜中没有用完的酱油、料酒、味啉等调味品放在保鲜室中。建议开封之后的调味品都放置在保鲜室中进行保存。

我会根据所收纳物品的尺寸、收纳场所以及对应的收纳环境来选择最适合的收纳工具。这里介绍的是适合在厨房使用的收纳工具，这些工具主要是通过网购（乐天等）或者在百元超市、无印良品、宜家等购买的。

※尺寸表示为宽×长×高。

□ 我家常用的收纳工具

野田珐琅
白色系列　长方形收纳盒

不会残留异味，可以保存或者腌制食材，是做饭时不可或缺的工具。可根据用途单独购买。

从上往下分别为：10cm×10cm、10cm×15cm、14cm×20cm、15cm×23cm、18cm×25cm

无印良品
可重叠亚克力隔板收纳盒　立式

较低的收纳盒可作为食盐、胡椒等调味料的替换容器，较高的可放置油瓶和芝麻油等，起到在抽屉中固定的作用。
（小）17.5cm×6.5cm×4.8cm
（大）17.5cm×6.5cm×9.5cm

无印良品
亚克力隔板架子

可以纵向收纳盘子或作为书架。也可以和无印良品的文件盒（白色）组合搭配。
13.3cm×21cm×16cm

Seria
透明盒子　长

带有一个可以搭配使用的透明盖子，可以组合使用，适合比较狭窄空间内的收纳。与10个成套的电池完美匹配，我往往会根据电池的不同型号分类收纳（p92）。
16.5cm×6.6cm×6cm

无印良品
文件盒（白色）

可以将盘子区分上下层后进行收纳，使用非常方便。
26cm×17.5cm×10cm

无印良品
可重叠CD盒

可以对较大物品进行分类收纳。
13.7cm×27cm×15.5cm

物品分类

无印良品
可重叠亚克力隔板收纳盒
方便整理收纳小物品（p49）。
25.8cm×17.5cm×6.1cm

宜家（IKEA）
SKUBB隔板收纳盒
可以收纳小件衣物，应用范围广泛。
44cm×34cm×11cm

大创（Daiso）
塑料盒
两侧有通风网眼，推荐放置在冰箱里使用。黑色
可以突出蔬菜色泽。
（白）14cm×30cm×8.5cm、14cm×30cm×
12.5cm、22cm×30cm×8.5cm
（黑）12cm×20.5cm×10.5cm

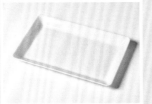

大创（Daiso）
树脂托盘
表面光滑，方便拿取。适合收纳冰箱内的食物。
19.5cm×30.5cm×2cm

无印良品
EVA透明袋、EVA自封袋
能够看清收纳物品的透明袋。也可以收纳书籍。
由近及远分别为12cm×8.5cm、16cm×8.5cm、
22.1cm×15cm、26.5cm×18.5cm

无印良品
标准亚克力隔板收纳盒
收纳盒套装，可直接使用或者套用。包括1个
大正方形盒子（28cm ×28cm）、3个小正
方形盒子（14cm×14cm）、2个长方形盒子
（28cm×14cm）。

大创（Daiso）
Thing case
重量小，易于拿取。目前已经停止销售，朋
友们可以选购类似产品。
28cm×13cm×11cm

大创（Daiso）
黏土盒
原本用于收纳孩子的学习用品，但也可以收
纳生活用品。
21.1cm×11.1cm×53cm

Seria
塑料收纳箱（带盖）

因为可以组合使用，所以不用的时候可以重叠在一起收纳。

26cm×19cm×11.5cm

无印良品
亚克力抽纸盒

也可以去掉盖子收纳物品。

26cm×13cm×7cm

Seria
B5文件袋（7层）

可以放入B5大小的文件。

27.5cm×21cm×2.3cm

Seria
冷冻室专用的可调节架子

可以调节宽度，方便纵向收纳食品，易于拿取。

16.5cm×13.4cm×11.2cm

Seria
铝盖密封罐

重量很轻，可以收纳调味品或较小的文具。

（大）10.5cm×8cm　600mL

（小）7cm×5.3cm　160mL

佐藤金属兴业 SALUS
砧板架子

不锈钢质地，放置砧板很稳固。

11.5cm×13.5cm×11.5cm

佐藤金属兴业 SALUS
亚克力密封罐

可以放入粉状的调味品，因为亚克力材质比较轻，所以拿取非常方便。

（大）13.2cm×10.1cm×19cm

（小）10.8cm×7.4cm×12.5cm

ASVEL
标准油瓶

带有硅胶油嘴，能够精确控制用量。不锈钢瓶盖干净清洁。

5.8cm×5.8cm×18.3cm

星硝charmy clear
密封罐（小）

食材、调味料密封罐。

3cm × 8.4cm × 11.5cm

staviaLUXE
食盐、胡椒瓶

能够方便盛放食盐和胡椒的瓶子，设计简洁。

5cm × 5cm × 10.2cm

JEJ
西餐餐具盒

共有4种尺寸，可以根据所放置物品的不同自行
选择。也可以放入一些可重叠的物品，提高空间
的利用率。

26.3cm × 26.3cm × 3.2cm

Ideaco
保鲜膜收纳盒

保鲜膜、锡箔纸以及厨房吸油纸等都可以收
纳其中。

南幸乐天市场店　mon・o・tone
侧开口垃圾袋专用盒

尺寸不同的垃圾袋容易放置混乱，因此要按照不同
型号进行收纳。较大型号的盒子可以收纳砧板。

（左）27cm × 12cm × 3cm

（右）29cm × 19cm × 3.2cm

南幸乐天市场店　mon・o・tone
白色密封盒

可以放置一些洗洁剂、酒精棉球等小物品，我
非常喜欢这些大小适中的密封盒。

14.5cm × 14.5cm × 17.5cm

南幸乐天市场店　mon・o・tone
书形收纳盒

能够对说明书等进行收纳整理，因为是纵向开
口，所以比较方便拿取。

22.5cm × 32.5cm × 4cm

Le sorelle・UASHMAMA
多功能袋子

意大利品牌，使用非常环保的天然植物纤维材
质制造，可以存放食品和小物品等。

（XS）5cm × 5cm × 11cm

（S）12cm × 12cm × 23cm

（L）21cm × 15cm × 30cm

□ 组合收纳小建议

收纳用品不仅可以单独使用，也可以组合使用，打造更加舒适的收纳环境。下面我就简单为您介绍几种我家收纳用品的组合方法。

无印良品
亚克力纸巾盒
大创
吸铁石隔断×2

我通常会把无印良品的亚克力纸巾收纳盒的盖子去掉后使用。在盒子的中间刚好可以放置大创的吸铁石隔断（60mm），将一些使用频率较低的物品存放在其中（p48）。

无印良品
PP收纳盒（抽屉式）
大创
厨房收纳盒×3

盒壁较深的无印良品PP深型收纳盒（抽屉式）可以放入3个大创的厨房收纳盒，一般用来放置食盐、胡椒等调味品的容器。也可以纵向放置，变成可以隔断空间的收纳盒，然后用剪裁过的海绵固定空隙。现在我用它来存放外用药（p92）。

无印良品
PP收纳盒抽屉式
大创（Daiso）
黏土盒×3

去掉无印良品浅型收纳盒（抽屉式）上面的盖子，并在里面放入3个黏土盒。里面可以放置文具、面膜、退烧贴、吸管、一次性筷子等，使用范围很广，而且使用非常方便。我会将不常使用的文具统一放入其中（p90）。

无印良品
PP收纳盒（抽屉式）3层
seria
长方形透明盒子×6

这种长方形的带盖盒子与无印良品的浅型收纳盒（抽屉式）组合使用非常方便。因为是长方形的盒子，所以方便整理较长的物品。一般我会将不同型号的干电池放入其中，或者纵向放置10卷装饰胶带。因为盒子是透明的，所以可以看到物品的使用情况（p92）。

无印良品
PP收纳盒（抽屉式）
seria
铝盖PET密封罐
600mL×6
seria
铝盖PET密封罐
160mL×12

在无印良品的浅型收纳盒（抽屉式）中放入6个seria的大号铝盖PET密封罐（600mL）或者12个小号密封罐（160mL），收纳好后会非常整齐漂亮。在我家客厅的收纳空间中会看到它们，盛放可以重复使用的文具、颜料以及长尾夹等（p89）。

无印良品
PP文件盒
无印良品
亚克力隔板架3层

无印良品的隔板架在收纳纵向摆放的物品时非常方便，可以在多种场合使用（p50、p78）。
将其与文件盒进行组合是我非常喜欢的收纳方法，把隔板架放入其中，可以非常方便地收纳整体不太硬挺的杂志，详细收纳方法可以参考p95的介绍。

物品分类

Dining

餐厅

厨房旁边就是餐厅的餐桌。这里与厨房紧密地连接在一起，是家人们聚集的场所。在这里可以用餐、学习，还可以聚会、聊天，是我家中的一块多功能区域。

□ 餐桌下方

餐桌的下方有柜子和抽屉，可以放置餐具和茶具等。抽屉中还收纳着家庭成员共同使用的文具、信件等。

橱柜

因为每位家庭成员的食量都不尽相同，所以通常我会使用大盘子，根据每个人不同的食量自由盛取食物。这些盘盘碗碗都会收纳在餐桌下方，并在中号盘子旁边放置小号盘子、茶壶以及使用频率较低的西餐工具等。使用亚克力收纳盒可以更好地利用抽屉里侧空间，所以我将无印良品的多功能亚克力CD盒摆放在这里。

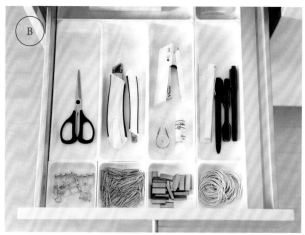

我会在抽屉中放入4种尺寸的收纳盒，根据不同用途组合成一套。在这里我会放置长尾夹、金色回形针（seria）、订书钉、橡皮筋（seria）、剪刀、刻刀（两种不同的尺寸）、订书器、胶棒（无印良品）、修正带（无印良品）、旗牌印章、油性笔（无印良品）、圆珠笔、体温计、卷尺（无印良品）等用品。

第二层是比较频繁使用的物品，标签纸、碎纸机、信封、装饰胶带、厨房空调遥控器、透明胶、透明胶切割器等都会收纳在这里。

快递信件的处理方法

为了能够方便处理每天收到的广告、信件、快递等物品，使房间保持整洁，我一般都会按照下面的流程进行整理。

1
回家后，先将信箱中的快递、宣传手册等放置在厨房餐桌上。

→

2
将它们分成需要长期保存的、需要尽快处理的、不需要的3种类型，分别放入收纳盒中（p35）。

→

3
使用餐桌下方第二层的碎纸机将不需要的信件等粉碎后放入垃圾箱中。

我准备了5个文件袋来存放可以共享的家庭成员资料，统一收纳。黑色的袋子中是备忘录标签，拿取很方便。抽屉最里面是衣物粘毛器，这样在餐桌上叠衣服时就可以从最近的抽屉中取出来，方便极了。

5个透明文件袋的分类分别为：孩子上学备忘录、生活相关信息、我的菜谱（用电脑排版后打印出来的菜谱）、外卖菜单、未分类。

利用收纳架进行"移动收纳"

说起收纳，总会给人一种在某个固定场所进行摆放的感觉，但是利用收纳架收纳物品后就可以变为"移动收纳"，需要拿取物品时，即便场合不同，也可以使用同一个收纳架。在我家的一楼就有两个可以移动的收纳架，因为它们可以随意移动，所以也为收纳提供了很大的便利。我非常喜欢宜家的三层移动收纳架，即便在其中放置相对较重的物品，也可以轻松移动。（移动收纳架／宜家·RASUKOG移动收纳架）

移动收纳架1

移动收纳架2

这里会收纳我在一楼常用的物品。第一层放置化妆品、香水等每天护肤、化妆所用的物品，第二层、第三层则是在餐桌前用到的一些物品。这个收纳架通常会被我放置在床边或厨房的角落里，需要时再移动出来。因为是非隐藏型收纳，所以收纳盒的颜色与移动收纳架的颜色相似，整体较统一。

另一个移动收纳架主要存放孩子们经常使用的物品。我一般会将第一层空出来，当餐桌上有无法收纳的物品时可灵活利用这一层。而第二层、第三层收纳的是孩子们在一楼学习时用到的文具，考虑到整体的装饰效果，我会选择与环境相似的布将它们遮盖起来。

Entrance

玄关

我家的玄关周围是比较宽敞的收纳空间，在这里有鞋盒和一些使用频率较低的物品。下面我就来介绍适合玄关附近的收纳空间的一些整理方法。

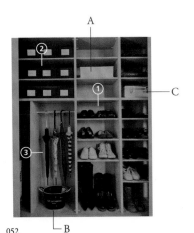

A

① ②

C

③

B

按照自己的风格
决定鞋子

———————

鞋子和衣服都是因为一时喜好而容易大量购买的物品，因此我会根据收纳空间的大小来控制它们的数量。我会选择购买那些工作时穿着舒适且与衣服匹配度高的鞋子，选定风格后就以此为标准了。我一般会选择购买2～3双在工作中经常穿的不同颜色的鞋子，除此之外还有开车时以及工作之余穿的鞋子，大概有这么几双就可以了。孩子们基本上都是骑自行车上学，因此大多都是运动鞋。另外，还有一些是非常喜欢的鞋子和正在穿的鞋子。

换季的鞋子放在
鞋盒中

———————

由于玄关的空间较大，所以我也会把换季的鞋子放到这里。这些鞋子一般是在乐天市场统一购买的，而且尽量选择质量较好的鞋盒。为了避免湿气太大，一般都会把鞋盒的盖子放到鞋盒底部。在春夏与秋冬换季的时候，按照摆放在外边和收纳到鞋盒里的原则进行收纳。这样就可以在一个地方完成对鞋子的收纳变换。

将雨伞悬挂起来

———————

为了控制雨伞的数量，我会按照家庭成员每人1把的比例进行购买。雨伞都是从百元超市购买的带挂钩的雨伞，可以悬挂起来，而折叠雨伞会收纳在白色箱子中，还有两把塑料雨伞是开车时使用的。

□ 下层鞋盒

我会在玄关内收纳很多东西，而且整理起来非常简单，稍稍花费一点时间就能够变得整洁。另外，从这里也能看出自己家的收纳风格。

A

折叠雨伞和自行车备用钥匙

玄关是最能够提醒人注意天气情况的地方。快要下雨的时候，出门前可以从这里快捷、方便地取出折叠雨伞。自行车的备用钥匙也放置在这里，以防急用。

B

擦鞋工具

鞋子的保养和清洁工具全部都放在水桶里，鞋油、刷子以及碎布头、不穿的长筒袜、紧身裤等也会一并作为清洁用品收纳在这里。（水桶／the laundress）

C

工具箱

我会将所有工具统一放置在这个铝质的收纳箱中。因为有提手，所以可以很方便地拎到需要使用的地方。

□ 玄关侧面的收纳库

玄关侧面本来就有一个收纳空间，我在其中又加放了一个金属储物架，使空间的利用率变得更加充分。这里主要存放一些使用频率较低、尺寸较大的用品。

使用不锈钢架进行收纳

在家庭中心可以买到这种自由调节每层架子高低的金属收纳架，按照收纳物品的大小调节架子的层高，非常好用。它还可以根据收纳场所和用途进行调整，架子的零部件也可以单独购买，是一款可以不断调整、便于长期使用的收纳工具。（收纳架／ERECTA 家用收纳架）

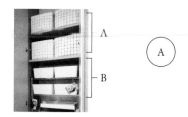

A

布质收纳篮有一个好处，即便里面收纳物品的大小、尺寸有些出入，也可以完全收纳进去。因为重量较轻，所以放置在较高位置的东西也可以轻松拿取。这种收纳篮的上面都有盖子，可以封盖起来，避免里面的物品落上灰尘。（收纳篮 / hemings Pilier）

糕点制作工具

女儿喜欢烘焙，这个篮子里放置的都是制作糕点的工具。工具的尺寸很不规则，因此放入布质的篮子中，收纳好后盖上盖子，会显得干净整齐。

餐巾纸

平时使用的都是在百元超市购买的餐巾纸，当有客人来访或特殊纪念日的时候，我会使用从宜家购买的白色餐巾纸或Marimekko简约餐巾纸。

A

购物袋

购物袋也是一种容易变多的物品，因此适合放入收纳篮中定量收纳。我一般会把能够反复、方便使用的购物袋放在收纳篮中，并且控制一定的数量。塑料购物袋也会放在其中。

再利用毛巾

当浴巾以及厨房使用的擦手巾用旧之后，我会将它们统一收纳在这里，用来清洁下雨天被雨水打湿的衣服、包包以及雨伞等。收纳的方法是把它们折叠后卷起来，再用橡皮筋固定好。

纸质购物袋的折叠方法

根据提手的种类不同，纸质购物袋的折叠方法也不同。如果是绳子提手的购物袋，可以将绳子放入购物袋内侧，对折后折痕向上竖直摆放收纳。如果提手质地较硬，可以将提手与袋子底部对折，然后折痕向上竖直摆放收纳。

当收纳较重的物品时，需要使用结实耐用的盒子进行收纳。宜家的收纳用品设计简约、使用方便，而且非常时尚。（盒子／宜家　VARIERA）

B

便当盒

虽然现在已经不用每天制作便当了，但是当需要上全天课的时候，女儿还是会带着我做的便当。这个收纳盒中收纳的都是便当盒。

水壶

水壶也不是每天都会使用的东西，一般夏天或者有体育课的时候孩子们才会使用，因此可放在收纳盒中统一收纳。

B

搅拌器

搅拌器使用频率较低，为了保持厨房台面的清洁整齐，我也会将它们收纳起来。

手持搅拌器、蛋糕模具

手持搅拌器（在下面）以及制作蛋糕的模具偶尔使用，因此我统一收纳到盒子里，使用的时候方便拿取。

□ 衣橱侧边柜

我在衣橱旁边放置了一个三斗柜，里面收纳了首饰以及孩子的内衣等。将抽屉里的空间按照所收纳的物品进行分类摆放，并随时调整空间的大小。

三斗柜距离玄关比较近，因此外出的时候方便拿取物品。

上层

首饰

在上层较浅的抽屉使用无印良品的丝绒收纳盒进行分区处理，将全家人的首饰、手表、眼镜等统一收纳在一起。一些清洁首饰的工具我也会放置在这里，可以及时清理使用过的首饰。另外，使用密封袋将容易被氧化变色的首饰以及容易打结的项链等小物品进行统一收纳。

ⓐ 内衣　ⓑ 袜子　ⓒ 手帕、毛巾　ⓓ 纸巾

中层、下层

手帕、内衣等

中层放置的是儿子的用品（即上图），最下层放置的是女儿的物品。在seria购买的收纳盒可以自由变换组合形式，能够比较方便地整合空间。分区的原则是按照每样物品的宽度为准，避免所收纳的物品倾倒、叠压而变得杂乱无章。

Closet

衣橱

我会将当季的衣物以及一些装饰品收纳在一楼的橱柜中，孩子们的卧室里一般不收纳衣物。漂亮的衣物确实能给人带来心理上的愉悦，虽然我不会刻意地为了收纳而限制衣物数量，但是一定会注意不使其增加过多。在日常生活中，我会尽量科学、合理地规划。

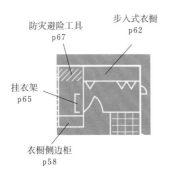

防灾避险工具
p67

步入式衣橱
p62

挂衣架
p65

衣橱侧边柜
p58

不强行限定数量，按照容量收纳。"唯一放置位置"要明确

衣服和包包是能够给人带来快乐的物品。如果仅仅由数量来决定收纳，会让人缺少了感受时尚的乐趣，生活也变得没有滋味。因此，为了能够保持一种"不多不少"的平衡，我一直通过容量对衣服进行收纳。确定好放置衣物的空间后就不会再额外增加空间了，这样也能够控制选择购买的数量。

选择同时满足"喜欢"和"正在穿着"的衣服

我们经常会因为衣服"买得贵""款式喜欢"而一直把它们存在衣柜里，可是满足这两个条件的衣服数量其实并不少。如果尝试着变换一下思维，将"喜欢"和"正在穿着"这两个条件作为选择的依据，我想衣柜里的衣服将会大幅减少。

悬挂、折叠、码放、放入箱子，灵活掌握收纳方法

衣柜中的衣物可以根据种类选择不同的收纳方法。衬衣、女士睡衣、裙子、连衣裙、外套可以使用衣架挂起来，裤子、针织衫、编制类衣物（羊毛衫、毛衣）等可以折叠好后再收纳，包包可以竖立后排列收纳，首饰等小物件可以使用箱盒收纳。灵活使用不同的收纳方法可以使整个空间变大，看上去更为清爽。

□ 步入式衣橱

一楼玄关的旁边是步入式衣橱，这里主要存放当季要用的衣物，同时也会有一些防灾避险工具，在遇到紧急情况的时候可以拿出来使用。

在空间允许的情况下，我一般都是使用衣架来收纳衣服的。因为自己的喜好很容易使衣服越来越多，使用衣架挂起来就可以时时提醒自己要注意衣服的数量。同时，与将衣服叠起来后收纳不同，当需要找寻某件衣服而导致整体变乱时，也可以不用重新再进行收拾整理。

根据类别整理小物品

我会将家居服、内衣、手帕等按照类别分别放置在不同的收纳盒中，在盒上贴上分类标签即可。（收纳盒／宜家 SKUBB收纳盒）

B

分为不同的类别

我会将女士背心和吊带等衣物收纳到宜家的 SKUBB 盒子中，然后进行重新组合（参考 p43）。（收纳盒／宜家 SKUBB 收纳盒 6 件套）

空气清新剂

将除味剂或者香水喷在试香纸上可以清洁空气。我一般选择个人比较喜欢的 the Laundress 空气清新剂（婴儿用），因为这个味道很受孩子们的欢迎。

C

披肩、钱包以及可折叠包包的收纳

我在衣橱附近摆放了一个带有轮子的大型带盖收纳箱，只要打开盖子就可以很方便地看到收纳箱中的物品。（收纳箱／JEJ favore nuovo 收纳箱+专用轮）

D

将书包竖起来排列收纳

为了将软包竖着摆放收纳，我在超市购买了一些无纺布袋，然后在其中放入纸，制作一个支撑袋，内芯可以使用防撞膜制作，制作大小两个尺寸的支撑袋，填满包包后就可以竖直收纳了。

E

丝袜

收纳丝袜的固定场所。

F

可以折叠的包包

我会将帆布袋等包包折叠后纵向放置收纳，需要时可以很方便地找寻到。
（收纳箱 / JEJ favore nuovo收纳箱）

□ 挂衣架

两个孩子上了大学以后，我的衣服越发多了起来，导致女儿的衣服都没地方放了。于是，我在衣橱较为宽敞的空间放置衣架，为收纳女儿衣服腾出了一块专用空间。

□ 衣架

使用衣架挂衣服可以在穿衣和收纳的时候省去很多麻烦。我家统一使用的是较为纤细的衣架，看上去非常美观，衣服之间还有一定的通风空间。

我家的衣架种类

我家一共使用4种衣架，最上面的是MAWA衣架"silhouette"，带有蝴蝶结的Francfranc衣架（3个／套）是女儿专用的，接下来是MAWA的皮带衣架，最下面是在loft购买的裙子和裤子专用衣架"Mel Queen"，夹子的夹力很大，同时又不会留下夹痕，所以我非常喜欢。

MAWA衣架

我的一些睡衣和开衫的领口都比较大，普通的衣架很难固定，经常会滑落。后来在一本杂志中发现了MAWA的产品，通过在钢丝上加树脂涂层来增加摩擦力，因此衣物不会滑落，同样还可以挂一些吊带非常细的衣服。（衣架／MAWA衣架"silhouette"）

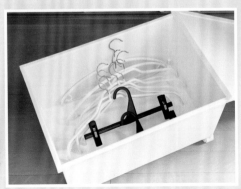

不用的衣架集中收纳

我会将不使用的衣架放入箱子内统一收纳，然后再放入衣橱中，需要的时候再取出。（收纳箱／JEJ favore nuovo收纳箱）

□ 防灾避险工具

在衣橱最里面的台阶下方有一块小空间，我将一些防灾避险工具放在这里。我为每位家庭成员准备了一个背包、一个睡袋，里面还有4个收纳箱（无印良品），分别放着压缩食品、卫生用品、简易马桶以及头盔。收纳箱可以储存水，也可以作为简易厕所，结实耐用，在野外生存的时候还可以作为椅子或凳子使用。背包是宜家的产品，选择了比较醒目的颜色。

这里也有储存水

收纳架里面有可以随时取用的水，平时会一边使用一边存储（p55）。

Sanitary

洗漱间

洗漱间是全家人都会用到的地方，在这里我尽量避免放置用不上的物品。如果这部分空间非常整洁，会使生活变得非常舒适。

Point **1**

只放置需要使用的物品

在需要使用到水的厨房、洗漱间、厕所、洗衣间里容易存留很多东西，所以在收纳的时候尽量做到有目的地精选物品。其实这个空间内的物品实用性很强，收拾起来还是比较简单的。

Point **2**

每种物品只放置一件

洗头水、护发素以及每天都会用到的清洁用品等都属于消耗品，原则上每种只摆放一样即可，用完一种购买一种，即便是打折的时候也不要购买多余的。

Point **3**

营造清爽的梳洗环境

我家的洗漱间旁边就是浴室，早上经常会非常混乱，因此要尽量将洗手台上的物品收纳到柜子里，让洗手台变得干净清爽。抽屉和柜子里的东西都是打开即可取用，用完后一个动作就能完成收纳，即使是早上忙乱的时间也能够让这里井井有条。

□ 洗漱间洗手台旁边的柜子

这里摆放着毛巾、洗澡和洗脸时所用到的物品、护肤品等。

(A)

洗手台旁边的柜子

上面第一层是浴巾；第二层是棉棒、梳子、指甲钳、修眉剪、空气清新剂、除汗剂；第三层是洗脸巾、浴巾；第四层是4个无印良品的亚克力收纳架，分为12个类别，分别收纳牙刷、牙膏、纸杯、海绵、肥皂、入浴剂等用品。

□ 洗漱间洗手台的 抽屉（左侧）

洗手台抽屉中的物品不要随意摆放，要确定好每样用品的固定位置，即便使用过之后忘记收纳，整理起来也会非常简单。

第一层

B

使用3个并排放置的无印良品亚克力抽纸盒（p44）对抽屉进行分区。我把右边两个盒子的盖子去掉，变成了简洁的亚克力收纳盒，左边放抽纸，中间是发带，右边是女儿的发饰以及橡皮筋。

第二层

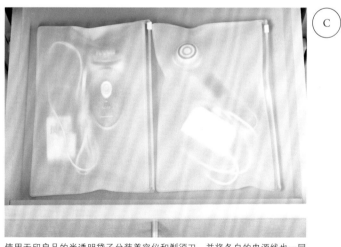

C

使用无印良品的半透明袋子分装美容仪和剃须刀，并将各自的电源线也一同放入，没电时就可以非常方便地进行充电了。第三层抽屉目前没有放置任何物品。（收纳袋／无印良品 EVA拉链收纳袋）

□ 洗漱间洗手台的抽屉（右侧）

第一层

（D）

在这里我也同样使用了3个无印良品抽纸盒对抽屉进行分区。左侧放置面膜、面霜、啫喱水，中间是梳子，右侧是发簪、镜子。

第二层

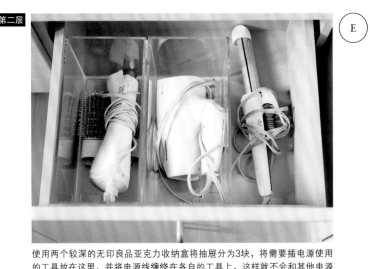

（E）

使用两个较深的无印良品亚克力收纳盒将抽屉分为3块，将需要插电源使用的工具放在这里，并将电源线缠绕在各自的工具上，这样就不会和其他电源线混在一起甚至打结了。左起分别为带有梳子的吹风机、普通吹风机、卷发棒。（收纳盒／无印良品、可重叠亚克力CD盒）

□ 洗漱间洗手台下面的柜子

使用3个并列摆放的文件盒对空间进行分区，分别收纳洗浴用品、清洁用品。

F

这部分的物品我都是用完一个买一个，避免同类物品重复。体重秤以及除菌剂等也都收纳在这里。（文件盒／无印良品 白色）

□ 洗手台右侧的柜子

啫喱水、护发素、头发造型用品等的瓶身都比较高，无法放入抽屉中，因此我将它们统一收纳在镜子右侧的柜子里。对于这些外包装比较多样、尺寸较大的物品，我都会统一收纳（p40），这样可以很好地隐藏在柜了中，避免杂乱。

厕所是需要始终保持清洁的地方，所以保持干净是厕所收纳的根本。我将洗手台的空间作为最先考虑的地方。

厕所中没有地毯，马桶上也没有套马桶罩，只在洗手台上方放了洗手液和护手霜等物品。当有客人来的时候，我会把放在最里面的用丝带固定的厕纸摆放出来。厕所里使用的拖鞋也是可以使用除菌剂直接清洁的合成皮革拖鞋。

□ 厕所洗手台左侧下面的柜子

厕纸以及女性卫生用品

上层：在也可作为鞋盒使用的黑色收纳箱（p53）中放入女性卫生用品。为了方便拿取，我把盖子放到了箱子的底部。下层：准备了较多的卷纸，因为空间不是很大，所以我把外边的包装袋统一拆掉后重叠收纳。

□ 厕所洗手台右侧下面的柜子

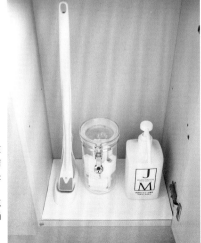

扫除用品、除菌剂

我将清洁厕所必不可少的3样工具收纳在这里。马桶刷我选择一次性的产品，清洁后直接在马桶中冲走，非常方便。左侧是马桶刷杆，中间是存放替换刷头的盒子，右侧是清洁地板、台面、马桶四周以及拖鞋的除菌剂。（厕所刷 / shut 免洗马桶刷、替换刷头收纳盒、亚克力密封盒）

□ 洗衣间

我在洗衣间内放置了一个较大的架子，可以放入很多东西，形成一个隐藏收纳的空间。

从玄关进屋之后，目光所及的这部分空间就是主要与水打交道的洗衣间。楼梯下较为空旷的地方没有壁橱，形成一个较大的收纳空间，并有意识地避免错落之感，看上去很规整。

洗衣凝珠收纳罐

我将此收纳架改造成做家务的工作台，可以在上面放置一些物品，非常方便。平日台面上只放置盛放洗衣凝珠的罐子，显得非常清爽。

我家洗衣服只用洗衣凝珠，我会将它们统一收纳到白色的陶瓷容器中。另外，一般不使用柔顺剂。（容器／ZERO JAPAN 方形密封罐L）

这个收纳空间距离洗衣间、浴室、厕所、洗漱间等需要用水的地方都非常近，因此我存放了一些洗衣用品及其他需要储存的物品，灵活又充分地利用了这部分空间。（搁架／宜家 kallax 搁架、收纳盒／LEKMAN 收纳盒）

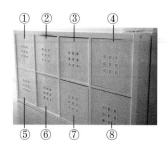

① ② ③ ④

⑤ ⑥ ⑦ ⑧

1 卷轴类用品　　　　　　　**2** 其他的物品

保鲜袋、锡纸、厨房纸等物品都会存放在这里。①中主要都是卷轴类的用品，这些用品在发生灾害的时候也可以发挥作用，因此购买的数量较多。

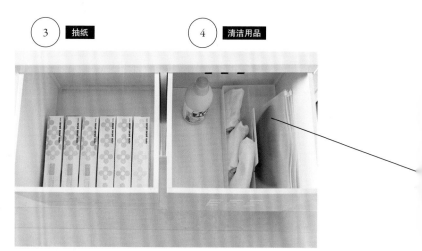

3 抽纸　　　　　　　　　　**4** 清洁用品

③中收纳的是抽纸，④中收纳的是洗洁用品。漂白剂、3个尺寸的洗衣袋（折叠方法p107）、烘干机专用滤纸等全部收纳到EVA亚克力收纳盒中（p43）。

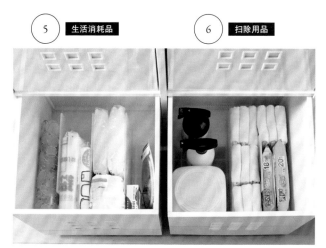

⑤ 生活消耗品　　⑥ 扫除用品

扫除用品和生活消耗品都是在百元超市购买的，大创的水池子滤垫（也可作防滑垫使用）以及seria的去油污百洁布都是需要反复购买的。⑥中是毛巾以及棉布等扫除用品。

⑦ ⑧ 待洗衣物篮

这部分被我用作待洗衣物篮，将白色和带有颜色的衣物分为两部分，需要清洗的时候方便区分。

这是一款可以随时移动的手提收纳盒，我是将其中的隔板拿掉后直接使用。（收纳盒／无印良品 PP收纳工具盒白色）

毛巾的再利用

对一些用旧了、用破了的毛巾，我会重复使用，直到无法使用为止。

厨房和洗漱间的毛巾都是同一个品牌的，一次购买10条。因为是同品牌的毛巾，所以使用到破旧的时间是大致相同的。这时候就直接再购买10条新的。

放置在厨房。　　　　放置在洗手间。

直接重复利用

在玄关侧面的收纳空间的最底层中会放入一些用旧了的毛巾（p56），方便下雨天的时候清洁雨具等。

下雨天使用。

剪成较为方便使用的尺寸

我会在洗衣间置盛放洗衣凝珠的小罐子，并将剪成小块的毛巾塞入罐子中，然后洗衣凝珠就可以直接放在里面了。当然，旧衣服和T恤衫等也可以这样剪裁。

（收纳罐／南幸乐天市场店mon·o·tone白色盖子Cube Canister）

非常重要的东西

对于家庭收纳，我一般会考虑以下几种分类方法：

■ 使用频率很高且非常喜爱的东西（使用它们能让自己非常开心）。

■ 使用频率低却又不能或缺的东西。

■ 心血来潮购买的高价物品，可买回来后又束之高阁。

■ 纪念品、个人兴趣品。

■ 生活中需要的一些信息类物品。

以前，自己喜欢的东西往往会购买很多，但是几乎不怎么使用，只是因为喜欢而已。久而久之，这样的东西越来越多，而且还占用了很多空间。就在去年，我终于下定决心，只留下了家庭成员认为有用的东西，结果那些所谓的"家庭中应有的物品"就随之减少了。收纳的空间变大了，心情也变得愉悦起来了。

以前，我们认为买了的东西就一定要使用，而现在购买物品时，我会在"喜欢"和"使用后心情愉快"的基础上，增加"日常使用"这个选项。如今，家庭成员都会根据这个原则来选择所要购买的物品，大家的思维模式也改变了。

其实，那些真正重要的东西并非都是价格昂贵或自己喜欢的东西，而是能够增加生活便利的东西，比如百元超市的收纳用品、每天使用的碗筷以及穿着舒适的衣服等。我们如果能够减少持有物品的数量，就会更加珍惜这些东西，那么可收纳的空间就会变大，这样一来，那些没什么用处的东西也就逐渐不再关注了。

Living

客厅

紧挨着一楼厨房和餐厅的地方就是客厅，是全家人休闲放松的好地方，也是招待客人以及收纳物品的重要场所。对丁客厅的收纳，我选择用壁橱和柜子对衣服、文具等生活用品进行隐藏型收纳。

Point 1
必要的东西集中在一楼

我喜欢酒店式的功能集中的装修风格，因此我将能够在一楼客厅完成的事情都放在一楼。这样一来，可以省去前往二楼的时间，生活更加便利。为此，我把客厅分为影视区域、收纳区域和空闲区域，并始终按照这个分类进行布置和维持。

Point 2
选择和墙壁设计相同的收纳家具

我选择的是具有一定容量的白色家具，扁平化的设计使其和墙壁完美融合，不管柜门打开还是关闭都显得非常整齐。

Point 3
空闲的空间和充裕的收纳空间

虽然客厅是非常宽敞的收纳空间，但我也不会随意放置物品，只有有用的东西才会出现在这里。在装饰电视墙的同时，我也会安排一些收纳的空间。

客厅中共有4个收纳空间，分别是入墙式壁柜、边角柜、电视旁边的柜子和电视柜。

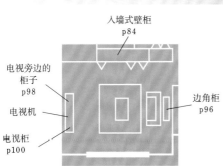

入墙式壁柜
p84

电视旁边的
柜子
p98

电视机

电视柜
p100

边角柜
p96

□ 入墙式壁柜

在这里，根据收纳物品的尺寸设计了可以移动的隔板，将较大的空间分割成一个个小空间。每个空间里面放置相同的收纳盒，营造出统一的美感。

这里属于隐藏的收纳空间，收纳用品使用黑、白、灰的色调，使打开柜门的时候更加整齐、统一。柜门是左右推拉式的。

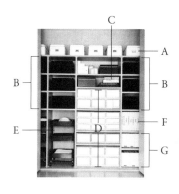

A

B — | — B

E —

D

A

我用带有盖子的纸盒收纳使用频率较低的杂物。每个纸盒之间留出一定的空间，方便拿取。将它们整齐地摆放在一起，显得非常整洁干净。（收纳盒 / 宜家）

包装用具

收纳袋子以及包装用品。

A

粘贴用品

粘贴用品以及胶水等工具用小收纳袋分装。
（袋子 / seria 工具收纳袋）

↓

票据类

按照月份将购物小票、发票等票据收纳在密封袋中，在上面粘贴上标签。
（文件袋 / seria 文件收纳袋）

↓

黑色收纳筐

将9个黑色的无盖收纳筐摆放在一起，从整体空间上看显得非常清爽。（收纳筐／乐天PP收纳筐 黑色）

这款收纳筐也是在乐天市场购买的。因为收纳筐的四角为金属护角，所以篮子整体很结实，里面可以盛放很多东西。

点心

这里可以收纳一些点心、方便面等平时不常吃，但是又不想增加厨房空间的食物。

家居服

这里存放的是还没及时清洗或出门前临时脱下的家居服，我为每个家庭成员都准备了一个这样的收纳筐。因为收纳的空间是在客厅，所以使用起来非常方便。

空闲的空间

在这个空闲出来的地方，收纳一些尺寸较大的外国书籍等休闲娱乐的
物品，将它们横向放置，看上去也非常整齐。

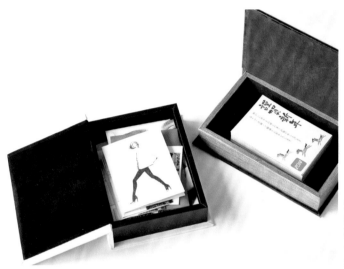

贺年卡及留言卡片

使用Francfranc书形收
纳盒收纳贺年卡和留言
卡。贺年卡以2年为单位
分类收纳。

一些能够点缀心情的收纳小物

将小摆件、奢侈品的装饰丝带、香水试香纸、喜欢的明信片等放置在收纳柜中，
当打开收纳柜时能够给自己带来好心情。

抽屉

无印良品的PP收纳盒有不同容量的型号，可以和我的收纳空间完美匹配。将浅型、中型、深型的3个尺寸搭配使用，能够在抽屉中开辟新的收纳空间，同时也能够将物品按照类别合理摆放。

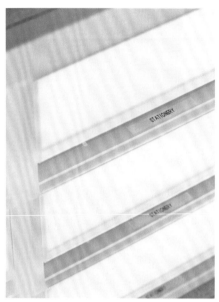

隐藏型收纳带来舒适环境

收纳空间也是室内装饰的一部分。为了使收纳空间显得更加整洁，我会根据收纳盒的大小，将白纸剪裁后放置在其中，并在外边贴上标签。有时下层的抽屉（收纳盒）还是会显示出其中所收纳的物品，因此我会在下面的抽屉里贴上白色的标签，将它们完全隐藏起来。标签并不是贴在抽屉上面，而是贴在抽屉隔层的部分，当走到抽屉旁边的时候，可以清晰地看到这些标签。

| 浅型抽屉中所放置的物品 |

盒子／无印良品 PP浅型收纳盒（抽屉式）

记账本

按照费用类别分类。

收据、发票

每天都会把钱包里的票据拿出来放置在这个地方，到月底的时候再统一收纳到文具袋中（p85）。

收发快递用品

收纳寄送快递时需要用到的东西。

文具

使用频率较低的文具放在黏土盒里分类收纳。

（黏土盒／大创）

文具

使用塑料盒子统一收纳较小的文具。塑料盒的盖子放在盒子底部，这样就可以省去粘贴标签的麻烦了。

文具

根据收纳物品的大小，分别使用不同型号的收纳盒。

塑料罐

塑料质地的密封罐极其轻便，是我非常喜欢的工具。

（塑料罐／seria 铝盖PET密封罐）

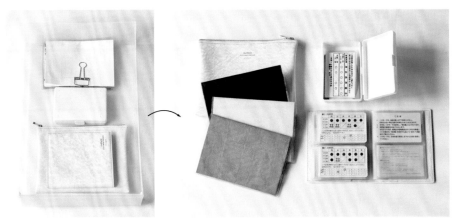

就医用品

将看病时需要使用的钱包、病历等统一收纳，当有紧急情况的时候方便拿取。

就医用钱包中的物品

文件袋中收纳医院的就医介绍和家人以往的病历，在紧急情况或者需要看病的时候能够非常方便地拿取。左边是有关药品的笔记本，使用不同颜色的封面进行区分。

复印纸

去掉外面的包装，方便拿取。

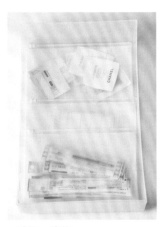

贴纸、笔芯

贴纸、笔芯等小物品按照不同的类别分类收纳。

（收纳盒／无印良品 EVA带拉链收纳盒）

放置在浅型、中型收纳盒中的物品

盒子 / 无印良品 PP收纳盒（抽屉式）中型、浅型

一次性暖宝宝、棉手套

往比较狭窄的收纳盒中收纳物品的时候，我
会将物品折叠后纵向摆放。

口罩、纸巾

一次性口罩统一收纳在盒子里。

放置在深型收纳盒中的物品

盒子 / 无印良品 PP收纳盒（抽屉式）深型

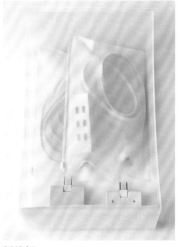

信封（多种尺寸）

大信封可以在很多场合使用，因此会多准备
一些。

插线板

我家准备的是线长1m和3m的两种插线板，
使用带有拉链的袋子分别收纳，叮避免电线
缠绕在一起。

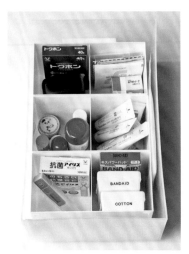

外用药

使用3个大创的厨房收纳盒（p46）收纳药品，在中间分出隔断后放入抽屉中。盒子和抽屉之间填充海绵垫，避免滑动。

带有拉链的塑料袋

我非常喜欢scria的厚款密封袋，多种尺寸的密封袋使用起来非常方便，这也是最适合我家的一款收纳工具。

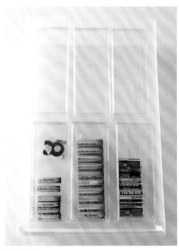

干电池

按照电池的不同型号分类收纳到seria的透明盖子收纳盒（p44）中。

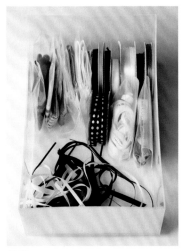

丝带

使用带拉链的收纳袋收纳卷轴式和剪裁式丝带，非常方便。

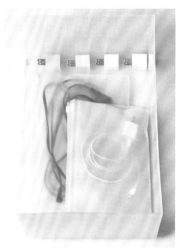

充电器（智能手机）

将备用手机充电器和旧手机充电器统一收纳
起来。

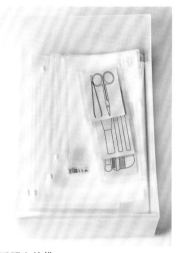

透明文件袋

因为带有拉链的透明文件袋使用起来非常方
便，所以我会购买很多备用。

打印机墨盒和制作标签用品

打印机墨盒以及制作收纳物品标签的胶带统
一收纳在这里。

保养用品

清洁皮具以及电脑、电视机屏幕的保养用品
会收纳在这里。

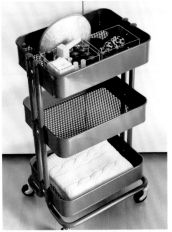

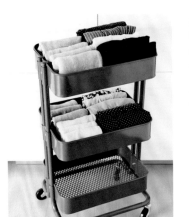

3层移动收纳车

（E）在柜子最下层的位置放入移动收纳车，可以将很多东西放在这里，拿取非常方便。（移动收纳车／宜家 R·SKOG）

美甲及饰品

我的美甲工具和饰品都是放在无印良品的亚克力收纳盒中分区收纳的。最底下收纳的是在客厅休息时使用的毛毯。

家居服

最顶层是儿子的家居服，第二层是女儿的。一般是将家居服叠好后竖着收纳起来。

书形收纳盒

（F）将产品说明书等册子统一收纳在书形收纳盒中。（盒子／南幸乐天市场店 mon·o·tone 书形收纳盒）

说明书

电脑、照相机、电视机等的说明书收纳在书形收纳盒中。

材料盒

书籍和杂志统一收纳到PP文件盒中。（收纳盒／无印良品 PP文件收纳盒 标准尺寸、宽尺寸）

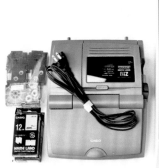

制作标签的工具

最初我是将制作标签的工具统一放置在书包中，但是书包的收纳场所又很难选择，后来索性把工具分别装在文件盒中，这样也方便把它们拿到需要使用的场合。

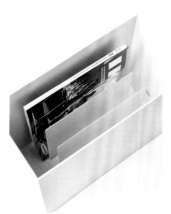

杂志、目录

使用3个文件盒来收纳整理，这样也可以明确购买的数量。文件盒里放置隔板，即便杂志很少也不会弯曲倾倒（p46）。

为了找到能够在柜子上面放一些展示品的边角柜，我花费了不少时间。这款柜子与墙壁的颜色、质地非常搭配。

（橱柜 / dinos）

□ 边角柜

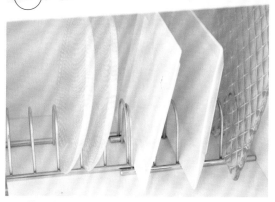

不同款式的盘子

因为每个款式的盘子都只买了一个，如果重叠在一起收纳，最底下的盘子就很难拿出来，所以可使用架子进行收纳。（架子／佐藤金属兴业 每日砧板架）

孩子们的相册

白色是女儿的相册，黑色是儿子的相册。随着照片的增加，相册也变得更多了。

装饰盒

具有一定装饰效果的盒子，我一共购买了3个，并把它们作为非隐藏型收纳盒使用。Francfranc的收纳盒有很多种款式。

针线盒

缝扣子、缝衣服时会用到的缝纫工具都是我精挑细选出来的。

精油

我使用的是MARKS&WEB的精油，并进行统一收纳。

LED蜡烛灯

我家购买的是适合与KIVI罐子搭配的iittala LED蜡烛灯，出于节能考虑，我家的灯具全部选择LED灯。

□ 电视旁边的柜子

厨房和客厅的中间部分放置了柜子，这样可以在家人们经过的时候随手对使用的物品进行收纳。（dinos）

DVD、CD

这里只放置一定数量的光盘，光盘和包装盒是分别收纳的，一共分成5盒。
（无印良品／CD、DVD收纳盒 两层，每层收纳40片，共80个口袋）

照相机

将照相机和电池以及配件一起收纳在乐天市场购买来的纸袋子里。（袋子／LeSorelle·uashmama 可水洗纸袋）

左上：使用频率较低的马克杯。右上：使用频率较低的玻璃杯。左下、右下：小物品的替换罩和抱枕的外罩。为了防止过度购买，我将它们统一收纳到盒子中，以此控制其数量。（收纳盒／SANKA·squ 收纳盒）

游戏机、化妆品、围裙……看上去都是一些互不相干的东西，但是根据"收纳地点为使用地点"的原则，收纳在这里更便于使用。

□ 电视柜

左上

卷发棒、摄像机

我也是碰巧找到了这么一款收纳卷发棒以及摄像机都非常方便的收纳包，因此连同说明书也一起收纳在包里，并使用黄色的便签纸在说明书中经常阅读的部分进行了标注。（书包 / ARTISAN&ARTIST）

中上

章鱼烧盘子

因为我家经常会制作章鱼烧，所以制作章鱼烧的工具就没有收纳起来，而是放在客厅里方便拿取。
（收纳盒／SANKA・squ 收纳盒）

右上

围裙

我非常喜欢围裙，所以不同花色的围裙有好几款。

中下

游戏机及手柄等

放置在电视机下方较浅的盒子中，同时还收纳游戏时使用的耳机等。

右下

抱枕罩

收纳人造皮草质地的抱枕罩的收纳盒。

左下

化妆品套装

我往往会根据当天化妆的具体情况来确定化妆的地点，因此没有专用的化妆台，所有的化妆用品都收纳到一个方便携带的多功能收纳袋中。

左下

护肤品套装

我将洗完澡后用到的东西统一收纳在一起。
（收纳盒／THE CONRAN SHOP・NOMESS
COPENHAGEN 透明工具箱）

○ 经常容易丢失的东西要固定位置

遥控器盒

您会不会因为经常找不到电视或者空调的遥控器而感到烦恼呢？我家也常常发生这种情况，后来我们规定：在全家人睡觉之前，遥控器必须放在同一个地方，于是找不到遥控器的情况就减少了。

○ 空闲的地方让人心情愉悦

减少所持有的物品，精简家里的杂物，于是一些收纳箱就空出来了，这不仅能够带给我们努力收纳的动力，还让我们有一种生活更加精致的感觉。空间上的充裕带来了心灵上的放松。

○ 说明书以及书籍的收纳方法

按照说明书的类别进行分类，可以使收纳变得更加清晰，也能够更快地找寻到需要的类别。

进行分类
① 厨房
② 房间
③ 美容类
④ 季节
⑤ 其他

将相同的说明书按照类别统一收纳。

不属于任何类别的物品收纳到"其他"类别，最后制作统一的收纳目录。

○ 方便拿取较重收纳盒的办法

盛放杂志以及其他较重物品的收纳盒不方便拿取，所以我从家庭中心购买了家具防磨垫，把其粘贴在收纳盒的四角，这样就可以方便拿取了。

节约空间且美观的折叠方法

在折叠物品的时候，我往往不会根据具体物品来选择折叠方式，而是结合收纳空间而定。灵活运用各种折叠方法，使整理过程也变得乐趣无穷。我也逐渐体会到收纳并不只是简单的收拾，而是如何将空间变得更加整齐美观。

○ 购物袋

1 | 将袋子铺平。

2 | 从上到下对折。

3 | 从左右向中间竖着各折叠1/3。

4 | 将袋子旋转90°，从左向右竖着折叠1/3。

5 | 从右向左折叠1/3，塞入袋子中间。

6 | 整理好形状。折叠好的关键是要一边排出空气一边折叠。

○ 浴巾

迅速折叠尺寸较大的浴巾。

1 将左右两侧的边沿中线对齐后折叠。　　**2** 竖向对折。　　**3** 由下向上对折。

○ 脸巾

折叠成较窄的形状，以便在狭窄的空间内收纳。

 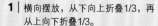 

1 横向摆放，从下向上折叠1/3，再从上向下折叠1/3。　　**2** 横向对折，根据收纳空间的大小，对折两到三次。

将折叠时弯曲的部分朝外摆放，看上去会显得非常整洁。

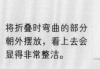

○ 洗衣袋

不用的时候收纳起来，能让
周围看上去更整齐。

1 | 按照洗衣袋的缝合部分铺平，
拉链朝上，使其形成一个柠檬
的形状。

2 | 左右进行3等分折叠。

3 | 从上向下折叠1/3，再从下向上
折叠后塞入上方形成的口袋中。

4 | 将其整理成长方形。

将无印良品3个尺寸
的洗衣袋以此方法分
别叠好，这样也能清
晰分辨大小号。

○ T恤衫（不容易形成褶皱）

不容易形成褶皱且非常方便的收纳方法，叠好后再次对折，竖直放置收纳。

1 | 领口朝向左侧横向放置。

2 | 从下向上对折。

3 | 把袖子向下折叠，形成一个四边形。

4 | 从下摆部分向左对折，折叠的时候要遮住领口。这样就可以变得非常整齐。

5 | 最后从中间拉起衣服，自然对折。

6 | 整理好形状。

○ T恤衫（长方形折叠方法）

折叠后不容易乱，适合整理小孩子的衣物或者旅行时的行李。

1 | 将T恤衫纵向铺平。

2 | 从左右两侧向中心折叠，袖子翻折。

3 | 将领子部分向下折叠4/5。

4 | 从下摆向上折叠1/3（与领口平齐）。

5 | 将上面的部分塞入下摆形成口袋的部分。

6 | 整理好形状。

可以使用厚纸夹在领口处来进行步骤1的折叠，完成步骤2之后取出，这样能折叠得更加平整。

○ 居家裤

这里用在优衣库购买的STETECO & RELACO系列家居裤为大家介绍折叠方法，我们以商家销售时候的折叠方法作为参考。

1 | 左手捏住裆部的中心，右手捏住左右两侧裤腿底部，让裤腿内侧重合。

2 | 将左侧裤腿平整地折压到右侧裤腿上。

3 | 将左右两侧向中心折叠，形成一个长方形。

4 | 将裤腿向上折叠到4 / 5的部分。

5 | 将裤腰部分向下折叠1/3。

6 | 将下半部分塞入形成口袋的裤腰中。

○ 女士内裤

这里介绍裤脚较浅的女士三角内裤的折叠方法，叠好后不容易散开。

1 | 从左向右折叠1/3，再从右向左折叠1/3。

2 | 将裤腰向下折叠1/3，然后把下半部分塞入形成口袋的裤腰中。

3 | 整理好形状。

○ 女士吊带

此折叠方法可以将带有肩带的衣服快速折叠好，这个方法也同样适合于女士背心。

1 | 将衣服铺平整。

2 | 将衣服上下对折，吊带部分不要超过下摆（大概距离1cm）。

3 | 从上向下折叠1/3，然后再向下折叠，最终形成长方形。

4 | 从左向右折叠1/3，将右侧的衣服塞入左侧。

5 | 整理好形状。

○ 带有文胸的女士背心

比较难叠的文胸吊带也能简单收纳，并且不会使文胸变形。

1 | 背面朝上放置。

2 | 将肩带及文胸由上向下折叠，大约折叠到1/3处。

3 | 再次向下折叠，最终形成长方形。

4 | 从左侧面自然向右卷，注意不要破坏文胸的形状。

5 | 整理好形状。

带有文胸的长袖背心也可以使用同样的折叠方法，只需注意一点：在步骤1中将袖子的两侧向内折叠即可。

○ 紧身裤、丝袜

军队里的收纳方法带给了我灵感，这样折叠好的袜子不会散开。

1 | 将裤腰部分外翻后向下折叠6cm左右。

2 | 由裤脚向上对折，留出大概1cm的距离。

3 | 以留出距离的裤腰部分5mm左右进行对折，同样在留出5mm左右距离的地方再次对折。

4 | 将折叠部分插入步骤1中的裤腰部分。

5 | 整理好形状。

○ 袜子

将袜子叠成形状美观的长方形。

1 | 将袜子脚尖朝下、脚跟朝上放置，将脚跟部分折叠按平。

2 | 将两只袜子重叠放置。

3 | 从下向上折叠到1/3处。

4 | 从上向下折叠，并将下半部分塞入袜口里。

5 | 整理好形状。

○ 运动鞋袜子（短款）

折叠后好似给袜子带了一个小帽子，非常可爱。

 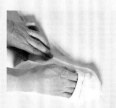

1 将脚跟部向下折叠，使袜口形成一个三角形。

2 把手伸入一只袜子的开口处，然后把两只袜子塞到一起。

3 将袜子从下向上对折，并塞入袜口处。

○ 船袜

参考购买时的样子折叠。

1 将袜子脚尖部分朝下放置。

2 将一只袜子对折两次后放在另一只袜子上面（中间部分）。

3 将下面的袜子包裹住上面的袜子后，塞入下面袜口的部分。

4 整理好形状。

○ 袜子（脚踝为直角的袜子）

无印良品中非常受欢迎且穿着舒服的短袜的折叠方法。

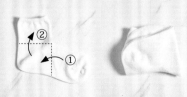  

1 从脚尖向脚跟折叠①。

2 然后向上折叠②。

3 打开袜口部分后翻折，包裹住整体。

4 整理好形状。

快乐的标签制作

贴标签不仅仅是一种收纳方法，还能使收纳物品更有特色。我制作标签的原则是尽量不使用带有花纹的标签，只将文字标注清楚。对于收纳盒子本身就是透明的，或者是可以清晰看到收纳物品的地方，我一般不会粘贴标签。这样不仅可以避免颜色混乱，而且能够使标识更加清楚，看上去也更加清爽。

①

标签贴、装饰胶带、贴纸

左图：超市中就可以购买到的普通标签贴，写上文字即可。这款标签贴是在seria购买的无痕标签贴。中图：将装饰胶带贴在野田珐琅的白色储存容器表面，写清楚存放的东西和保质期（seria 万能标签贴）。右图：在孩子的房间内使用了英文贴纸（AMERICAN CRAFTS "thickers"）。

②

标牌、照片

图左：在喜欢的标牌上写下文字，比如使用白色的笔在黑色的标牌上做出标识（p121）。
图中：直接写出英文，然后使用拍立得拍照制作的自制标签（89cm×89mm），我家的洗漱间里就用了此方法（p70）。另外，还可以直接在鞋盒（p52）上粘贴鞋子的照片。

达美手动标签机

达美手动标签机可以打印出英文字母
（大写、小写）以及心形和星星灯等
可爱的插图。不同机器打印出来的文
字大小是不同的，可以根据实际情况
选择合适的机器。在需要使用标签的
时候直接打印出来，即便有一些歪歪
扭扭也没有关系。

④

使用电脑制作标签

使用电脑制作标签，然后打印在A4纸上，再根据事先设定的边框用刀子切割下来。最好选择不会产生
空气的贴纸，我个人比较喜欢A-one的防水贴纸，也推荐给您。（胶片贴纸／A-one 白色 产品编号
29282、透明 产品编号29293）

⑤

贴普乐标签贴

贴普乐标签贴的黏性很强，推荐在厨房使用。

左图：无印良品的抽屉使用普通贴纸即可。
右图：厨房中的储藏容器使用强力贴纸，即使水
洗也不会掉。

普通款　　　　　　强力款

floor

二楼有我的卧室和工作间，同时也有孩子们的房间。衣服已经统一收纳在一楼，所以这里只有极少数物品。为了打扫方便，我还特意减少了卧室里的物品。

我的房间是自己最喜爱的白色，整洁的白色能够营造舒适放松的空间。

孩子们的房间里有家具、收纳工具以及扫除用品，所有物品都通过颜色来区分，但颜色不会太多，既活泼又舒适。

另外，反季的衣服、客人寝具、节日用品等都会收纳到柜子里。每年会有两次固定的时间更换衣物，所以对衣物的检查也会集中在这两个时间段。我始终注意维持衣物的数量。

02

the
收纳

我的卧室

储物柜

女儿的房间

儿子的房间

My Bedroom

我的卧室

二楼是我休息和工作的地方，房间颜色是自己喜欢的白色，在这里可以让我放松心情、平和情绪。

床头柜第一层

这里放着手电筒、眼镜以及一些小物品，但是什么都不放的情况也很多。

床头柜第二层

抽屉里放置了在紧急情况下可以直接拎走的小袋子，里面有收音机和可替换的干电池，还有一些应急药品。床铺底下有紧急避难时使用的鞋子。还有一个粘毛器，可以用来清扫床铺周围的灰尘。孩子们的房间里也同样各放置了一个，孩子们也经常使用它来清洁床铺周围的地方。

参考酒店的样式，我将卧室装修成简单自然的风格。床头柜上面放置一些绿植和外文书籍，可以营造一种静谧的气氛。

Storeroom

储物柜

我将两个尺寸不同的储物柜分别放置在二楼中两个有一定纵深的地方。我会在这里收纳反季的衣物、杯子、装饰杂物以及客人用的寝具，一些不常用或者有必要保存的东西也会储存在这里。

Point 1
换季衣物的整理
一年两次

我一般会按照春夏和秋冬两个换季时节分类衣物，这样每年换季衣物的整理就是两次。在这两次整理的时候会对收纳场所进行大扫除，然后检查一下目前穿的衣物和小饰品，这也是非常好的收纳机会。我一般会将这些衣物和一楼衣柜里的衣物进行调换。

Point 2
选择适合的收纳用品和
收纳方法

我会把能够折叠或者折叠后能够轻松收纳的衣物放入抽屉，把容易褶皱或者比较厚的衣物使用衣架挂起来，体积较大的衣物使用压缩袋压缩后收纳，小物品放入盒子中收纳，这样一来就可以很清晰地收纳物品了。

Point 3
考虑物品取出的
方式方法

储物柜里很容易收纳很多东西，但往往又都是使用频率较低的东西。对于这样的储物柜，很多时候我们可能会不加考虑地直接将物品塞入其中，久而久之，外侧的东西越来越多，里侧的东西就很难再拿出来了。为了避免这种情况，我会在前面放置一个能够取出来的抽屉或者收纳箱，并把这些收纳箱放在金属架子上，这样不仅能够保持整齐，而且也可以方便拿取。

□ 储藏柜 I

储物柜一般都是内置空间很大且有一定纵深的柜子，为了不让收纳的物品无限增加，要定期清理确认，控制物品的数量。

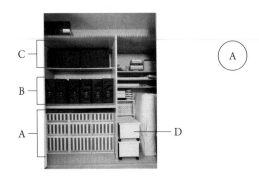

C

B

A

A

D

使用无印良品的PP质地抽屉作为衣物柜

无印良品的PP质地抽屉宽度相同，但是高度有多种尺寸。我一共使用9个抽屉分别收纳衣物，然后在每个抽屉中放入无印良品的无纺布收纳盒，对抽屉的内部空间进行分区。因为抽屉是半透明的，所以里面的东西不会完全显现出来，一眼看过去非常清爽。

第一层

收纳较小的衣物，例如内衣、袜子、紧身裤等，使用浅型抽屉。

A

第二层

使用家居服来代替睡衣。

第三层

我会在最深一层的抽屉中放置较厚的毛衣，睡裤一般不做分区，直接折叠好后放入其中。分区收纳的物品一般是同一种，折叠后可以放入更多。

（盒子／无印良品 PP收纳盒（抽屉式）深型）

活用餐桌布遮挡

我用宜家的PP质地餐桌布遮挡抽屉。将餐桌布剪裁成抽屉侧面的大小，用双面胶在抽屉里面粘贴固定，操作方法非常简单。宜家的餐桌布款式多样而且价格便宜，我选择了颜色比较素雅的款式。

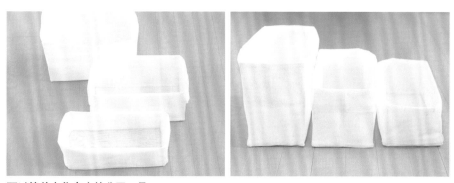

可以简单变化高度的分区工具

无印良品的无纺布收纳盒按照宽度可以分为大、中、小3个不同的尺寸，将它们的边缘折叠后还可以自由变换高度，这样就不会浪费抽屉的空间，即使很小的空间也能够得到充分的利用，只需要按照抽屉的高度将它们放置其中后再折叠边缘即可。此款收纳盒的整理收纳也很简单，不用的时候将它们叠好即可。（分隔盒子／无印良品 无纺布收纳分隔盒 大、中、小）

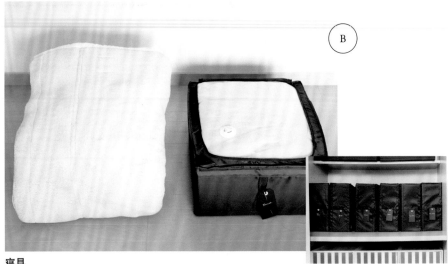

寝具

比较厚的被子需要使用压缩袋将其压缩后再收纳。使用压缩袋可以缩小体积，但是硬度会变大。此时，我会将横向收纳盒改变为纵向收纳，而且收纳盒有提手和盖子（p114），拿取非常方便。（收纳盒／宜家SKUBB 收纳盒、压缩袋、防蟑螂压缩袋）

枕头、抱枕芯

收纳盒中放入客人用的抱枕芯。（收纳箱／宜家·SKUBB 收纳盒2个）

节日装饰小物件

我将在圣诞节、万圣节等节日中会用到的装饰小物件统一放到较大的箱子中。为了能够方便取出，我还为箱子搭配了轮子。（收纳箱／JEJ favore nuovo收纳箱L）

有关犹豫箱

我们每个人的家里总有一些东西不舍得丢弃，因为丢弃后可能又会后悔。为了解决这个问题，我特意准备了一个收纳箱，并为其取名"犹豫箱"。那么如何使用"犹豫箱"呢？我会把这些难以取舍的物品收纳到这里，并把它们放置到距离日常生活最远的角落里隐藏起来。这样就可以当作它们没有出现在自己的生活中，等一段时间之后，我们就能够接受它们的无用而大胆地将其丢弃。如果您的物品较多，可以选择一个大型的"犹豫箱"，当您忘记箱子存在的时候，就是可以放手丢掉它们的时候。

尽量将"犹豫箱"放置在和日常生活不相干的地方，例如收纳在储藏柜里。（收纳箱／JEJ favore nuovo收纳箱L）

□ 储藏柜 II

使用衣架将衣服挂起来收纳，除此之外，储藏柜里还会储藏西装、亚麻床罩、行李箱等。

与储藏柜 I 相比，储藏柜 II 的纵深不是特别深，但是高度更高，在里面放置金属收纳架可以加强横向空间的利用，收纳在其中的物品可以很方便地取出。

搭配和服的簪子以及发卡等饰品。

没有扫描的照片底片统一收纳到盒子中，打算在有时间的时候统一整理。

DVD、CD的碟片收纳在一楼电视机旁边的柜子中（p99），与外包装盒分开收纳。

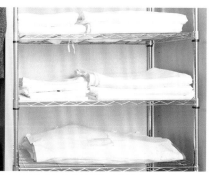

将客人用的替换床单折叠好后收纳在一起。折叠的部分在外侧，看上去整洁干净。

将帽衫或者羽绒服的帽子折叠到内侧，可以使衣服变得更加平整，收纳起来更加紧凑。

Daughter's Room

女儿的房间

将女儿喜欢的白色作为整个房间的基调，在墙壁上贴上白色的花饰，床上是毛茸茸的花饰抱枕，整个房间充满温馨的感觉。

女儿的绘画作品

使用百元超市买的文件袋收纳女儿小时候的绘画作品。

多功能橱柜

这个圆形储物柜（p36）也可以当作床头柜使用，是一款非常实用的产品。边缘部分有凸起的外延，因此不用担心东西掉落。

女儿和儿子小的时候都有自己喜欢的颜色，女儿喜欢粉色和红色，儿子喜欢蓝色。后来随着孩子们长大成人，对于颜色的喜好也形成了自己的看法。女儿和我一样喜欢白色，所以房间的装饰以白色为主，配以黑色、银色，让气氛更加舒适。让孩子们选择自己需要的生活用品和收纳物品，定期清理自己的物品。

□ 搁架单元

宜家的搁架单元可以将宽敞的空间分割成一个个规整的小空间，可以更方便地摆放参考书、教科书以及自己喜欢的物品。在架子的最上面装饰了一些孩子小时候就非常喜爱的毛绒玩具，清洁除菌用的喷雾剂和清洁床铺周围环境的滚轴也放置在这里。空出来的地方就让它自然地闲置。

□ 三层柜子

（柜子／宜家MALM抽屉柜3层）

主要放置文具的收纳盒。（分格收纳盒／宜家KUGGIS 8格）

垃圾袋、充电器、照相机和购物袋都收纳在这里。（储物盒／宜家SKUBB 储物盒六件套）

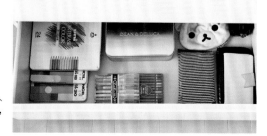

彩色铅笔、彩色油笔、钱包等没有使用分格，直接收纳在抽屉里。

Son's Room

儿子的房间

儿子的房间使用了他喜欢的黑色、灰色和绿色，看上去色调比较单一，因此也使用了一些假花来增添色彩。

手推车

使用宜家的拉斯科手推车作为床头柜，扫除时非常
便利。在这里收纳了台灯、纸巾、滚轴等。

抽屉

使用了和厨房中储存物品相同的宜家skubb分格收
纳盒（p33）。（收纳盒／宜家sukubb 分格收纳
盒）

NITORI的床铺、宜家的手推车、无印良品的
灯具、franfranc的柜子，这些物品的共同点都
是设计简约。

□ 金属收纳架

收纳空间内部

在有一定纵深的收纳空间中放置金属收纳架，能形成新的收纳空间。将漫画、学习的书籍等直接摆放好即可。相对于分类收纳而言，儿子更喜欢直接摆放的收纳方式。

与回忆有关的物品 I

有一些东西即便成年之后也不想丢弃，虽然不会再使用，但是也想将它们永久地留存起来。
在我家，每位家庭成员都拥有一个收纳这些东西的盒子，东西的数量以能够放进去为准。

小时候非常珍惜的东西

孩子们小时候非常珍惜的一些玩具、收集起来的手办、朋友送
的礼物以及和记忆有关的东西都会收纳到盒子里。（收纳盒／
乐天市场favore nuovo 收纳盒M号）

作品、奖状等

与回忆有关的东西是无价的，因此在存留与否的选择上会非常
慎重。每位家庭成员都会拥有一个这样的箱子，自己决定其中
收纳的物品及数量，把记忆留下。（收纳盒／乐天市场vismo
深度／0cm 带轮子）

与回忆有关的物品 II

有时，那些与回忆有关的物品会在不经意间被我们丢弃，但是一旦丢弃就真的找不回来了，所以对于这些物品的收纳，我会和孩子们进行商量。

毛绒玩具和绘画书

孩子们喜欢的毛绒玩具分别放在各自的房间里，而绘画书则需要甄别一下，只留下非常喜欢的。"在我6岁的时候最喜欢这一本！"类似这样的感受一定会连同回忆起很多事情。当然，这样的东西对于我个人而言也是非常可贵的。

姓名贴

将生宝宝时产房中缠绕在宝宝脚上的姓名贴缝在布偶的腿上。

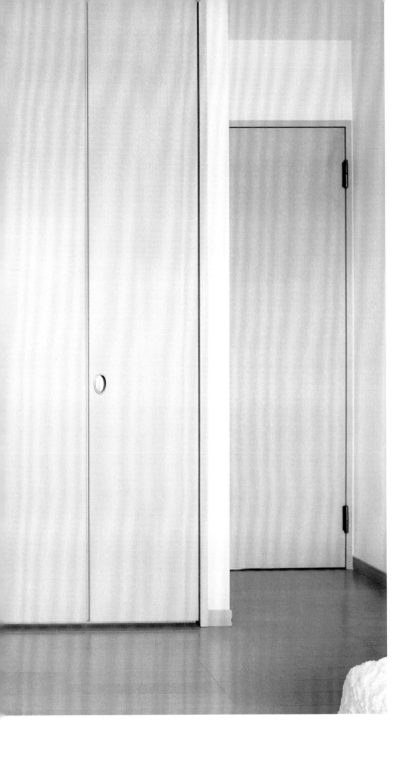

最后的话

最近，出版社、杂志社等来采访我的人越来越多，让我非常感恩。

我一直在将自己收纳、整理以及装饰的心得通过网络分享给大家，但是像本书这样将我自己的家完完全全地展示出来还从来没有过。

在这里，从玄关到厨房，从客厅的抽屉到洗漱间的柜子，甚至连那些收纳反季衣物的储物柜都完全呈现在各位读者的面前了。说实在的，直到现在我还非常紧张。

我相信读者们都和我一样，希望拥有更加舒适的生活。对于收纳，我们也都有过相同的疑惑，当我得到了完美答案之后，便很想分享给大家，所以我也在本书中努力做到更加翔实地介绍。

　　我知道本书一定还有很多的不足，但是如果能够给大家带来一点点启发，对我而言就是莫大的荣幸。

　　今后，我也会按照自己的方式，将生活中的点滴体会记录、更新，认真过好每一天。

满怀感恩之情的Mari

2016年11月

最爱的小物件

日文原版工作人员

摄影
林博史

艺术设计
江源连（mashroom design）

艺术设计
堀川步美（mashroom design）
高本由美（mashroom design）

校对
麦秋艺术中心

取材·协助编辑
今津朋子

编辑
包山奈保美（KADOKAWA）

图书在版编目（CIP）数据

收纳 / (日) 玛丽著 ; 邓楚泓译. -- 海口 : 南海
出版公司, 2018.8
　　ISBN 978-7-5442-9355-6

　　Ⅰ. ①收… Ⅱ. ①玛… ②邓… Ⅲ. ①家庭生活—基
本知识 Ⅳ. ①TS976.3

中国版本图书馆CIP数据核字(2018)第127487号

著作权合同登记号　图字：30-2018-021
love HOME the SHUNO SIMPLE DE UTSUKUSHII KURASHI O TSUKURU
KATAZUKE RULES KETTEIBAN
Copyright © Mari 2016
First published in Japan in 2016 by KADOKAWA CORPORATION, Tokyo.
Simplified Chinese translation rights arranged with KADOKAWA CORPORATION,
Tokyo through NIPPAN IPS Co., Ltd.

SHOUNA
收纳

策划制作：北京书锦缘咨询有限公司（www.booklink.com.cn）
总　策　划：陈　庆
策　　　划：李　伟

作　　者：〔日〕玛　丽
译　　者：邓楚泓
责任编辑：雷珊珊
排版设计：柯秀翠
出版发行：南海出版公司　电话：（0898）66568511（出版）　（0898）65350227（发行）
社　　址：海南省海口市海秀中路51号星华大厦五楼　邮编：570206
电子信箱：nhpublishing@163.com
经　　销：新华书店
印　　刷：北京和谐彩色印刷有限公司
开　　本：889毫米×1194毫米　1/32
印　　张：4.5
字　　数：124千
版　　次：2018年8月第1版　　2018年8月第1次印刷
书　　号：ISBN 978-7-5442-9355-6
定　　价：49.80元